高等职业教育航空运输类专业系列教材

空乘人员化妆技巧

主　编　苏　佳　高　锋

副主编　薛　瑾　包晓春

　　　　李　欣　张　滢

科学出版社

北　京

内 容 简 介

本书系上海市 2019 年上海一流高等职业教育专业建设（培育）项目"空中乘务"专业方向建设阶段性成果之一。

本书主要涵盖空乘人员化妆的七个项目：面部基础护理、手部基础护理、化妆品与化妆工具、人物面部五官修饰、空乘人员基础发式塑造、空乘人员配饰搭配、空乘人员职业妆容塑造。全书突出任务导向、做学一体，图文并茂、详略得当，符合互联网背景下学生的学习特点，对空乘人员化妆具有实践指导意义。

本书既可作为空乘专业的教学用书，也可作为航空公司培训的参考书目，还可作为立志报考空乘专业学生的"职场一本通"，同时可供爱美人士和希望了解空乘文化的专业人士阅读。

图书在版编目（CIP）数据

空乘人员化妆技巧/苏佳，高锋主编．—北京：科学出版社，2023.3
（高等职业教育航空运输类专业系列教材）
ISBN 978-7-03-074761-7

Ⅰ.①空… Ⅱ.①苏…②高… Ⅲ.①航空运输－服务人员－化妆－高等职业教育－教材 Ⅳ.① TS974.1

中国国家版本馆 CIP 数据核字（2023）第 022412 号

责任编辑：高立凤 周春梅/责任校对：王万红
责任印制：吕春珉/封面设计：东方人华平面设计部

科学出版社 出版
北京东黄城根北街 16 号
邮政编码：100717
http://www.sciencep.com
北京中科印刷有限公司印刷
科学出版社发行 各地新华书店经销
*
2023 年 3 月第 一 版 开本：787×1092 1/16
2025 年 7 月第四次印刷 印张：15 3/4
字数：373 000
定价：79.00 元
（如有印装质量问题，我社负责调换）
销售部电话 010-62136230 编辑部电话 010-62135763-2052

前言

Preface

　　习近平总书记于 2021 年在清华大学考察时曾寄语广大青年要肩负历史使命，坚定前进信心，立大志、明大德、成大才、担大任，努力成为堪当民族复兴重任的时代新人，让青春在为祖国、为民族、为人民、为人类的不懈奋斗中绽放绚丽之花。青春无疑是每个人最闪亮的时刻。中国的民航业从起步到如今的蓬勃发展，特别是国产 C919 大飞机的成功试飞，让人们看到了民航业的"风华正茂"。在民航业，同样需要一批热爱蓝天、投身民航的有为青年前赴后继，开创未来。本着培养"坚定理想信念、站稳人民立场、练就过硬本领"专业人才的出发点，本书以空乘专业的职业形象塑造为重点，旨在为准空乘人员打造符合行业规范的形象气质，从而为投身民航事业扣好人生的"第一粒扣子"。

　　自古以来，中国就是礼仪之邦，而礼仪的外在体现又离不开容貌的修饰和服装的选择。李白诗云："云想衣裳花想容，春风拂槛露华浓。"当我们称赞一个人的美貌时，常常会想到一个词"花容月貌"。这里的"容"和"貌"既有先天自然生成的，也有后天通过化妆而成的。在古代，敷铅粉、抹胭脂、画黛眉、点额黄、点口脂都是化妆的范畴。例如，《木兰辞》中的"对镜帖花黄"其实属于点额黄（或称贴花钿），即用丝绸、彩纸、金箔、云母片等材料剪成的样式各异的装饰物，粘贴在眉心或前额，也可贴在两颊或嘴角等处，形状有圆形、菱形、月形、桃形以及花、鸟、鱼、蝴蝶、鸳鸯等，颜色主要是红、绿、黄三色，既体现了对美的追求，也蕴含了对礼的重视。

　　人的五官是一张"门面"，姣好的外在能给人身心愉悦的体验，甚至让人终生难忘。当然，不同的时代对美的理解各不相同，今天的我们能通过文字、陶器、壁画、绘画等不同的媒介去追溯古代人的审美标准。去敦煌看飞天，去故宫博物院看皇后像和女官图，或者去美术馆看书画作品中的历代仕女图，都是不错的选择。这里面有关于凤冠霞帔、美女三白的历史典故，也有关于化妆的技巧。在西方社会，古埃及的壁画、古希腊与古罗马的雕塑也能让我们对西方世界的美学定律窥见一斑。

　　空乘人员始于 20 世纪 30 年代，至今有近百年的历史。从早期的相对单一化到如今的多元化，空乘人员的妆容文化也成为客舱服务礼仪不可或缺的内容。在这个过程中，既有共性的东西保留了下来，也有一些与时俱进的新元素融入。百年中，航空业早已发生了巨变，但得到认可的空乘美学文化却得到了延续。如早期著名的泛美航空公司（Pan American World Airways，简称 Pan Am），其乘务员的妆容、着装与蔚蓝色的天空和海洋自成一色，成为时尚界"天空蓝"的代名词。从这个意义上说，空中乘务员的职业形象既包括妆面、发型、制服、饰品等外在因素，又包括精神气质、性格特征、文化修养等内在因素。这些文化早已突破了原来的空乘文化范畴，成为服饰、美学等新文化的衍生品。

妆容和仪表也是企业筛选、培训客舱乘务员的重要组成部分。当一名怀抱着空乘梦想的学生走进学校后，其走入课堂的第一件事就是梳好头发，化好妆容，穿上制服，以一名准职业人的姿态去要求自己。作为航空公司代言人，空乘人员通过对言行举止、坐立行走的掌控，达到坐有坐相、立有立姿、言语有度的职业规范，给人以亲切可人、笑容可掬、落落大方的职业形象。

本书以行业规范和空乘人员准则为标准，涵盖面部基础护理、手部基础护理、化妆品与化妆工具、人物面部五官修饰、空乘人员基础发式塑造、空乘人员配饰搭配、空乘人员职业造型塑造七个项目。各项目环环相扣，详略得当，重点突出，对空乘人员具有实践指导意义。与传统教材相比，本书侧重于任务导向，图文并茂，并在重点和难点处辅以视频（扫描二维码观看），便于读者直观观摩，加深理解。

本书由苏佳和高锋担任主编，具体分工如下：苏佳负责编写项目一、项目三、项目四的任务一、任务四和任务五，薛瑾负责编写项目二和项目四的任务三，李欣负责编写项目四的任务六和项目五，包晓春负责编写项目四的任务七和项目六，张滢负责编写项目四的任务二和项目七。苏佳和高锋通读并审阅了全书。本书的编写得到了学院各位领导和民航乘务学院孙军院长、吴欣书记的大力支持，在此表示衷心的感谢。同时，也特别感谢教研室和其他各位老师的关心和鼓励。另外，还要感谢参与视频拍摄的几位老师、化妆模特马骁、唐瑞晗、程佳蕾、马萌涵、李钧隆、刘祥真、张哲慎、满令箭和盛语豪同学（以上同学均为上海民航职业技术学院 2019 级和 2020 级学生）以及薛文斐同志，是他们的努力付出让本书的实训项目更加直观。

编者在编写本书的过程中，参阅了大量资料，在此一并向相关作者表示感谢。由于编者水平有限，加之时间仓促，不足之处在所难免，恳请读者不吝指正。

目 录
Contents

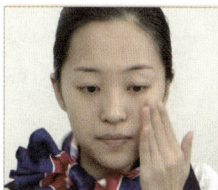

面部基础护理

知识要点

- 了解面部皮肤的不同种类。
- 了解面部清洁步骤。
- 掌握面部清洁方法。
- 掌握面部护理步骤及方法。

技能目标

- 能正确判断自身的肤色和肤质。
- 能按步骤正确清洁面部皮肤。
- 能按步骤正确按摩面部皮肤。
- 能正确涂抹面膜。

任务一
面部清洁护理

知识目标

- 了解皮肤的形态和特征。
- 了解皮肤的分类。
- 熟悉面部清洁的工具。
- 掌握面部清洁的方法和步骤。

能力目标

- 能正确判断自身的肤质。
- 能根据肤质和肤色选择合适的清洁产品。
- 能正确进行面部皮肤清洁工作。

一、皮肤的形态和特征

皮肤位于人体的表面,是人体和外界环境直接接触的部分。皮肤具有多重生理功能,如参与新陈代谢,分泌油脂,维持水分,使人体保持一个稳定的内环境等。皮肤的状况与年龄、性别、种族、地区、季节、职业及健康状况有关系。皮肤的质地、色彩等因素使它犹如镜子般反映出一个人的情况。因此,在用化妆来塑造人的形象前,有必要先了解皮肤的形态和特征。

一般来说,洁净、均匀、红润、光滑、柔软、细腻的皮肤会给人带来健康、亮丽、和谐的美感。化妆不仅可以改善和修饰皮肤的外观,也能起到画龙点睛的作用。面部作为人的仪表之首,是人际交往中为他人所关注的重点。中国人的面部普遍有色泽偏黄、轮廓缺乏立体感的问题,通常可用粉底产品配合化妆技巧加以修饰或弥补。

1. 肤色

肤色,即皮肤的颜色,由皮肤内黑色素的多少决定。肤色在不同地区和人群有不同的分布。黄种人的皮肤特点是淡黄到棕色,体毛少,毛发直而黑。根据肤色的深浅和冷暖,将肤色按照饱和度从高到低排列,中国人的肤色一般可以分为偏白色、偏红色、偏黄色和偏黑色四种类型。常见肤色及其饱和度变化如图 1-1-1 所示。

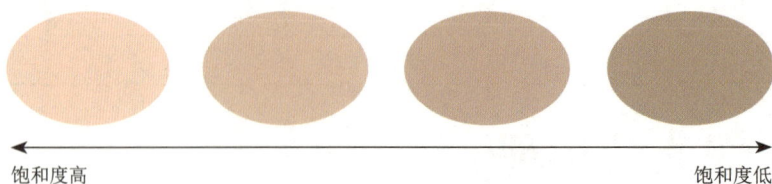

饱和度高   饱和度低

图 1-1-1 常见肤色及其饱和度变化

每种类型的肤色都能彰显自己的特色。譬如，偏白色显得白皙文静，偏黑色显得健康、阳光等。一般认为正常或健康状态的肤色都是美的，也不用刻意或一窝蜂地追求极致的白皙肌肤。肤色不是一成不变的，年龄、健康、季节、环境等内外因素都会令肤色产生变化。

一般而言，人的面部肤色在不化妆的情况下都是不均匀的。前额的皮肤颜色较深，眼周围容易发黄发黑，面颊和鼻头肤色偏红，嘴唇周围的肤色偏黄，这是由于面部皮肤各个部位色素分布不均匀导致的。在化妆前，必须先仔细观察皮肤的自然肤色，判断肤色类型，再选用合适的粉底产品修饰形象。

除了对照色卡仔细观察面部皮肤以外，判断自身肤色还有一个简单易行的方法，即观察手腕内侧血管法。在自然光下，观察手腕内侧血管：颜色呈蓝色或青色，为偏白色类型；颜色呈紫色，为偏红色类型；颜色呈深紫色，为偏黑色类型；颜色呈绿色，为偏黄色类型。面色偏黄为冷肤色，面色偏红（粉）为暖肤色。

2. 肤质

肤质，是指人类皮肤的特殊属性及特征。很多人对自己的肤质存在误解，或者对肤质划分的界限、各种肤质的特点不清晰，从而会误判自己的肤质情况，导致选择不合适的产品。肤质与肤色一样，都是会变化的。

根据皮肤的含水量、油脂分泌的程度以及敏感程度分类，可以将肤质分为中性皮肤、干性皮肤、油性皮肤、混合皮肤和敏感性皮肤五大类。表 1-1-1 总结了各种肤质的特征、日常护理及化妆品选择。

表 1-1-1 各种肤质的特征、日常护理及化妆品选择

肤质	特征	日常护理	化妆品选择
中性皮肤	皮肤角质层的含水量适中，皮脂分泌通畅，纹理细腻、柔软、稳定，组织滑而细，没有粗大的毛孔或太油腻的部位，红润光泽富有弹性，无瑕疵；毛孔细小，但易受季节变化影响，夏季趋于油性，冬春季趋于干性；外观感觉光滑、新鲜、清洁、有健康色彩；放大镜下光滑幼嫩、柔软、不厚不薄，没有油腻感	中性是皮肤的最佳状态，只需要注意皮肤油分和水分的平衡。可选择温和的皮肤保养品。建议保持良好的生活习惯和规律的作息时间	冬春季偏干，可用油性粉底液，并加强保湿；夏季偏油，可选择干一些的粉底液，还可使用吸油面纸和干粉饼补妆

续表

肤质	特征	日常护理	化妆品选择
干性皮肤	肤质细腻，较薄，毛孔不明显，皮脂分泌少，无油腻感；皮肤较干燥，易出现皮屑，不易生痤疮。但受外界环境刺激后，如风吹日晒后，皮肤会出现潮红，甚至灼痛。易老化起细小碎皱纹，尤其是眼部周围、嘴角等处	干性皮肤护理最重要的一点是保证皮肤得到充足的水分。选择清洁护肤品时，慎用碱性强、含果酸和磨砂的洁肤产品。使用低敏、温和的洁面乳彻底清洁面部后，立刻使用保湿性化妆水或乳液、乳霜来补充皮肤水分。每周可用 1～2 次保湿面膜，加强保湿。睡前清洁皮肤后按摩 3～5min，以改善面部的血液循环，并适当地使用晚霜。次日清晨洁面后，使用乳液或营养霜来保持皮肤的滋润，增加皮肤的营养	干性皮肤的人化妆附着力强，不易脱妆，但多化妆会加重皱纹，宜选用油性高的粉底产品。化妆完成后容易有浮粉现象，需等待一阵才能完全贴合
油性皮肤	皮脂分泌旺盛，毛孔粗大，肤色较暗，油腻，容易出汗。易出现痤疮，留色斑、瘢痕。优点是皮肤不易老化、生皱纹	油性皮肤的人一天洗脸应至少两次。洗脸时使用略含碱性的护肤产品，按部位清洗，先清洁额头和鼻翼，然后清洁下巴和两颊，按照从下向上，由外向里的顺序，就能彻底清洁皮肤。使用含微量酒精的收缩水，不仅可以补充水分、调节皮肤酸碱平衡，还可以收缩毛孔，抑制油脂分泌。饮食以清淡为宜，多吃蔬菜、水果，多喝水，改变皮肤的油腻粗糙感。少吃油腻食物、甜食和刺激性食品，不喝浓咖啡或饮过量的酒，以减轻皮肤油脂的分泌	油性皮肤的人妆面容易脱落，不太持妆。要使用不含油质的化妆品，上妆前应先涂上隔离霜，并使用控油粉底，多扑散粉定妆。如果皮肤油性很大，可用吸油纸和干粉饼及时补妆。夏季特别容易出油时，底妆可选用干粉
混合性皮肤	混合性皮肤兼有油性皮肤与干性皮肤的共同特性。额部头、鼻、下颌处（T区）为油性肤质，易出现小的痤疮，且毛孔粗大，表现为油性肌肤特性。脸颊部位和眼周等部位皮脂分泌较少，皮肤干燥、角质层含水量低，无光泽，弹性差，易产生皱纹，有时伴有毛细血管扩张。80% 以上的女性是混合性皮肤	注重日常皮肤的养护，补充充足的水分，保持水油平衡。根据季节和皮肤特点需变换使用护肤品。秋冬或皮脂分泌较少时，选用油脂性较强的护肤品；春夏或油脂分泌较多时，选用含水量多、含油脂少的护肤品。可采用分区护理方式，根据面部不同部位的情况使用不同的护肤品，以使皮肤保养效果更佳	选用油分适中的粉底液或粉底霜，T 区部位可多扑粉，可使用吸油面纸或干粉饼随时补妆
敏感性皮肤	皮肤有痒、刺痛感、针刺感、烧灼感、紧绷感，其严重程度不一，有个体差异。用化妆品后不适感加重，有的甚至不能耐受任何护肤品。原因不一，有些因日光照射导致，有些因接触粉尘或化妆品，有些因食用海产品或饮酒等。有时可见皮肤干燥、面部红斑、细小鳞屑。面部容易潮红	尽可能使用成分简单、少含或不含致敏物和刺激物的化妆品。日常皮肤护理时，坚持以下三个基本原则：使用温和、无刺激成分的清洗剂和保湿剂；保持皮肤有维持健康角质层功能的水分；补充皮肤油脂以加固皮肤屏障。要特别注意防晒，避免日光伤害皮肤。注意饮食清淡，拒绝辛辣	初次使用的化妆产品应在手背或耳根处进行皮肤测试，如无反应方可使用。切勿频繁更换化妆品。皮肤脸颊处红血丝部分可用绿色妆前乳中和修饰。卸妆可用全棉卸妆巾轻轻擦拭

　　人人都希望拥有健康的皮肤，但事实上每个人的皮肤都不可能十全十美，总有各种小问题。坚持健康的生活作息习惯，采用正确的护肤手段，可以达到改善皮肤问题，美化个人外表的目的。正确判断自己的肤质的作用就是根据皮肤的性质，在化妆时突出优点，弥补缺点，从而在人际交往中给人留下良好的印象。

二、皮肤类型的分辨

了解了皮肤的分类之后，为了有效地根据不同肤质来进行有针对性的皮肤护理，首先要做的就是正确地辨别自己的肤质类型。

测定皮肤类型的方法很多，最精确的是用专门鉴别皮肤性质的仪器来进行测定，也可以用观察法来测定。一般可以通过观察毛孔大小、油脂多少、有无光泽和弹性、接触化妆品是否过敏等情况和各类皮肤特点结合对比，得出基本的判断。另外，还有一个简单易行并且准确的测试方法，可称之为纸巾测试或吸油纸测试：晚上睡觉前，用基础洁肤品进行皮肤清洁后，不擦任何护肤品，等待 30min 后，用一张纸巾或者吸油纸轻拭面部皮肤，若纸巾上几乎没有油迹，脸部皮肤感觉非常地紧绷，就是干性皮肤；若脸上出油严重，纸巾上留下大片油迹，就是典型的油性皮肤；若脸上没有任何感觉，既没有冒油，又不觉得紧绷难受，就是中性皮肤；如果脸部 T 区部分冒出很多油迹，而额头、脸颊或其他部分感觉紧绷干涩，则是混合性皮肤。

三、面部清洁作用

面部清洁是化妆前非常重要的一个环节，也是皮肤保养的第一步。面部皮肤因为长时间暴露在空气中，其表面会堆积大量空气中的尘埃、细菌等污物，加之生理系统新陈代谢的作用，会有自身分泌的油脂、汗液及角质化细胞等，因此做好皮肤的清洁工作显得十分必要。面部清洁不仅可以清除皮肤表面污垢及皮肤分泌物，使汗腺、皮脂腺分泌物顺利排出，调节皮肤的 pH，使皮肤恢复正常的酸碱度，保护皮肤，还可以为皮肤护理做好准备。所以，正确地清洁面部是化好妆的第一步。

四、面部清洁用品

个人面部清洁用品（图 1-1-2）包括棉花（片）、棉签、卸妆油（水、膏）、洗面奶、一次性洗脸巾等。

图 1-1-2　面部清洁用品

五、面部清洁方法

（一）选择合适的洁面产品

选择的洁面产品要适合自己的肤质，尤其是干性皮肤和敏感性皮肤必须认真选择洁面产品，以免造成对皮肤的伤害。泡沫够细密，才能深入清洁毛孔内的油脂、污垢和角质，同时也能减少洁面时双手对脸部皮肤的摩擦。另外，用清水冲洗后，洁面产品不能残留在脸上引起其他肌肤问题。洁面之后，肌肤会呈现出一种通透的质感，用化妆棉擦一下，看不到脏东西，才算深层清洁肌肤。

（二）正确的洁面步骤

面部卸妆

1. 卸妆

（1）重点部位妆容卸除

用棉签或者卸妆棉片蘸取卸妆液，依次洗掉睫毛膏（图1-1-3）、眼线、眼影和口红（图1-1-4）等。

图1-1-3 眼部卸妆

图1-1-4 唇部卸妆

（2）面部整体部位妆容卸除

用手取适量卸妆产品（包括卸妆油、卸妆膏、卸妆液等），涂抹在额头、两颊、下巴等部位，用无名指和中指进行打圈按摩（图1-1-5）。由于面部肌肤毛孔生长的方向是向下的，因此要清除污垢，需要逆着毛孔生长的方向清洁。

图1-1-5 面部卸妆

2. 洁面

（1）用温水湿润面部

用 40℃ 左右的温水洗脸，避免水温过高或者过低，水温过高会使天然的油分过度流失，冷水会收缩毛孔，不利于污垢彻底清洁。

（2）取适量洁面乳按摩面部

根据自己的肤质，取适量洁面乳，蘸取一些水，用手反复揉搓，打出丰富的泡沫，一方面是让细微的泡沫能深入毛孔清洁污垢，另一方面也是为了减少手部跟脸部的摩擦，避免伤害肌肤。打出泡沫后，让泡沫包裹整个面部进行按摩（图 1-1-6），具体按摩次数应该根据面部油脂的分布情况来进行调整。

（3）使用温水进行冲洗

冲洗时最好使用流动的温水，将面部泡沫全部冲洗干净，尤其是发际线处和鼻翼两侧部分要仔细冲洗干净。冲洗干净后，可以使用纸巾或者一次性棉制洗脸巾将面部水分吸收干净（图 1-1-7），尽量避免使用粗糙的或者使用时间较久的毛巾直接揉搓面部。

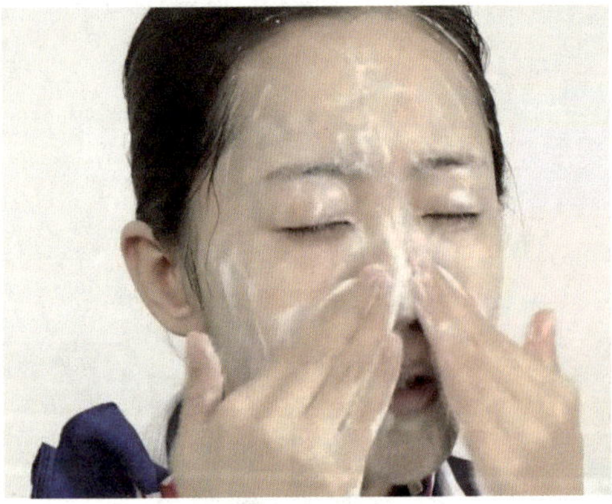

图 1-1-6　面部清洁

图 1-1-7　面部擦干

实训练习

1. 实训内容

对照表 1-1-2 的内容，完成面部的清洁护理。

表 1-1-2　面部清洁护理实训操作单

空中乘务专业化妆技能实训操作单			
操作内容	面部清洁护理		
操作地点	化妆教室	操作时间	20min

续表

具体内容
1. 面部清洁护理准备 所需用品：棉花（片）、棉签、卸妆油（水、膏）、洗面奶、一次性洗脸巾
2. 测试自己的皮肤类型 根据文中提到的皮肤测试方法，测试自己的肤质属于哪一种类型
3. 卸妆 1）将重点部位妆容卸除，如眼睛、嘴巴等； 2）面部整体部位卸妆
4. 洁面 1）用温水将面部湿润； 2）选择适合自己肤质的洁面乳进行洁面； 3）用温水将面部泡沫冲洗干净

2. 评分标准

面部清洁护理评分标准如表 1-1-3 所示。

表 1-1-3　面部清洁护理评分标准

序号	修饰内容	考核要求	评分标准	分值
1	产品合适	根据自己的肤质选择合适的卸妆及洁面产品	1）没有做好正确的肤质测试，没有正确了解自己的肤质，扣 10 分； 2）没有根据自己的肤质选择合适的卸妆产品，扣 5 分； 3）没有根据自己的肤质选择合适的洁面产品，扣 5 分	20
2	卸妆效果	将面部重点部位以及整体部位彩妆卸妆彻底	1）没有正确用棉签等工具先将眼线、眼影、唇彩等重点部位彩妆卸除，每项扣 2 分，最多扣 10 分； 2）没有完全将面部整体彩妆卸除，最多扣 10 分； 3）卸妆手法不正确，如使用卸妆油进行卸妆时手部有水等，最多扣 10 分	30
3	清洁效果	面部彻底清洁干净	1）没有使用温水进行洁面和清洗，水温不合格影响面部清洁效果，扣 5 分； 2）洁面手法不正确，如未将洁面乳打出丰富泡沫等，最多扣 10 分； 3）冲洗时，未将发际线、鼻翼等处的洁面泡沫冲洗干净，最多扣 10 分； 4）擦干面部的洗脸巾或毛巾质地不符合要求，扣 5 分	30
4	整体效果	所有清洁步骤结束之后的脸部状态	1）面部清洁不够到位，扣 10 分； 2）面部不够滋润，有紧绷感，扣 10 分	20

3. 实训评价

将实训评价结果填入表 1-1-4 中。

表 1-1-4 实训评价表

修饰内容	分值	学生自评 20%	学生互评 30%	教师评分 50%	总评 100%	扣分备注
产品合适	20					
卸妆效果	30					
清洁效果	30					
整体效果	20					
合计得分	100					

巩固复习

1. 卸妆时的注意事项有哪些？
2. 洁面时的注意事项有哪些？

任务拓展

1. 根据产品的使用效果和自己的肤质以及经济承受能力，找出最适合自己的卸妆产品和洁面产品。
2. 符合要求的洗脸巾或毛巾应该满足哪些条件和要求？

任务二
面部滋润护理

知识目标

➤ 掌握化妆水的正确使用方法。
➤ 掌握眼霜的正确使用方法。
➤ 掌握精华的正确使用方法。
➤ 掌握乳液或面霜的正确使用方法。

能力目标

➤ 能正确使用化妆水。
➤ 能正确使用眼霜。

➤ 能正确使用精华。

➤ 能正确使用乳液或面霜。

一、拍打化妆水

每次洁面后，毛孔都处于打开状态，水分流失较多，因此必须使用化妆水，其目的在于补充肌肤水分，重整肌肤 pH，促使肌肤表层柔软，并有助于乳液或美容液的吸收。此外，化妆水除了具有保湿效果，还能起到第二次清洁的效果。

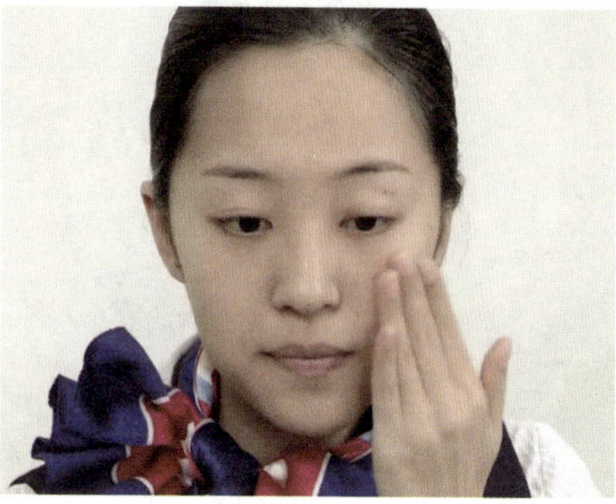

正确方法：洁面后在脸还是湿润的时候使用化妆棉蘸取化妆水轻拭面部，或直接倒适量化妆水在手心里，在脸上由内而外轻轻拍打（图 1-2-1），不要等到脸完全干了再补水，那样保湿效果会大打折扣。要注意所有的操作都从脸的中心由内而外顺着肌肤纹理生长方向，不宜拉扯肌肤。要根据自己的肌肤类型来选择适合自己的化妆水，油性皮肤用爽肤水，干性皮肤用柔肤水，敏感皮肤要用抗敏专用水。

图 1-2-1 拍打化妆水

二、涂抹眼霜

眼周肌肤特别薄、细、敏感，并且皮脂排泄较少，不但是身体最脆弱的地方，而且是最容易老化的部位，容易产生眼袋及细纹，因此格外需要做好保养。

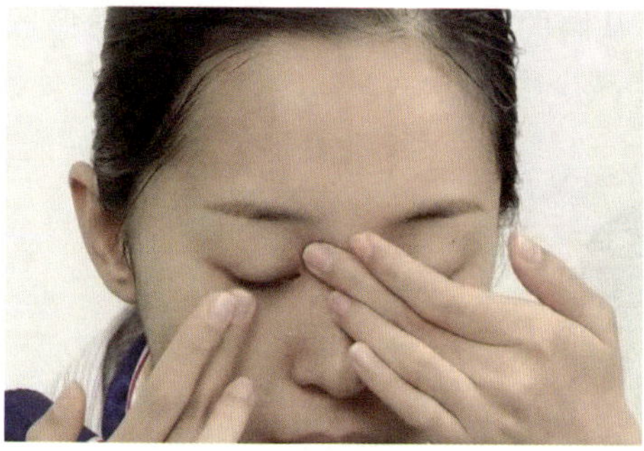

正确方法：根据皮肤状况选择合适的眼霜，用一只手把内眼角位置撑开，用无名指或中指蘸取米粒大小的眼霜，点涂在眼下部，由内到外轻轻地拍开（图 1-2-2），不要拉扯，再将多余的眼霜带到上眼皮按压，最后将手心搓热，按压整个眼周，直至眼霜全部被吸收，这样能够促进眼部周围肌肤血液循环，提供滋润与修护。

图 1-2-2 涂抹眼霜

三、涂抹精华

精华液根据肌肤状况决定，一般来说 20 岁左右就可以开始使用了。精华液有防御脱妆和改善肌肤状态的效果。可以根据自己的需求选择保湿、美白、抗老化等不同功效的精华液产品。一般年轻人多选择补水精华，而随着年纪的增长，则需要选择抗衰精华；如果肌肤问题较多，可以选择几种精华同时使用。涂抹顺序为补水—美白—抗衰。

正确方法：先将两手手心搓热，再将精华倒在手心进行按压涂抹（图 1-2-3），涂抹的顺序应该是脸颊从下到上（图 1-2-4），由内而外进行，额头往两侧，鼻子往两侧，下巴往两侧，轻轻拍打提拉。

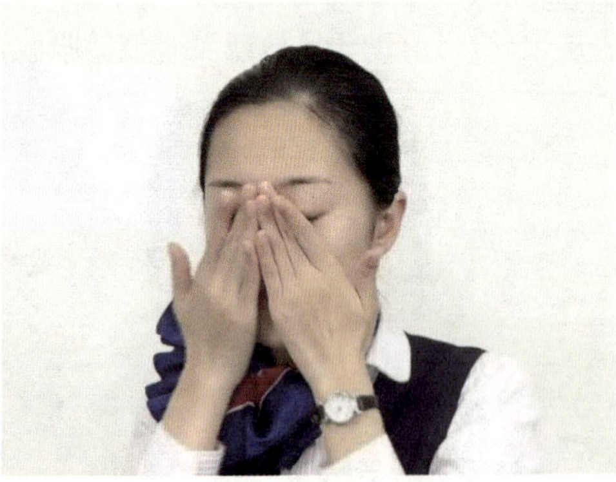

图 1-2-3　涂抹精华（1）

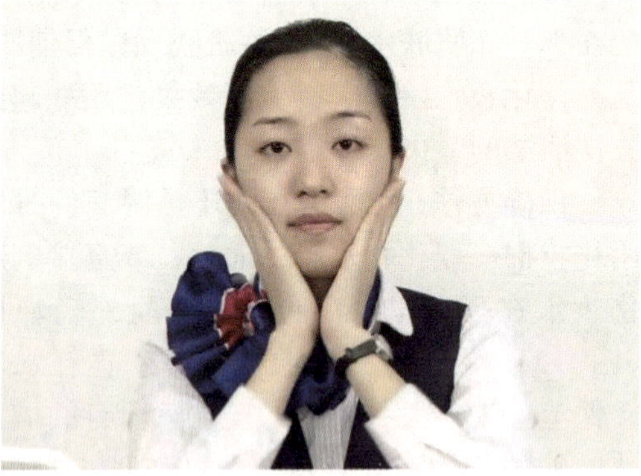

图 1-2-4　涂抹精华（2）

四、涂抹乳液或面霜

涂抹乳液或面霜是皮肤护理的最后一步，这一步非常重要，目的在于锁住水分，为肌肤提供一层锁水膜，防止水分的流失，保持肌肤的水油平衡，给肌肤增加湿润光滑感。在冬天的时候选择质地稍微黏稠的面霜，而夏天就选择乳液，负担较小。

正确方法：使用时以指腹蘸取乳液或面霜，从脸的中心向外推抹使其被充分吸收（图 1-2-5），油性皮肤或 T 区易出油部位可以适当减少用量。

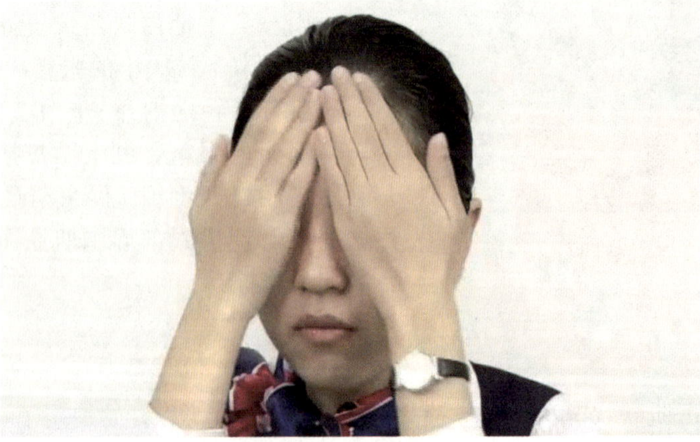

图 1-2-5　涂抹乳液或面霜

实训练习

1. 实训内容

对照表 1-2-1 的内容，完成面部的滋润护理。

表 1-2-1 面部滋润护理实训操作单

空中乘务专业化妆技能实训操作单			
操作内容	面部滋润护理		
操作地点	化妆教室	操作时间	20min
具体内容			
1. 面部清洁护理准备 所需用品：化妆水、眼霜、精华、乳液、面霜			
2. 拍打化妆水 1）洁面后在脸还是湿润的时候使用化妆水； 2）用化妆棉蘸取化妆水轻拭面部，或直接倒适量化妆水在手心里，在脸上由内而外轻轻拍打； 3）从脸的中心由内而外顺着肌肤纹理生长方向，不宜拉扯肌肤			
3. 涂抹眼霜 1）用一只手把内眼角位置撑开，用无名指或中指蘸取米粒大小的眼霜，点涂在眼下部，由内到外轻轻地拍开； 2）再将多余的眼霜带到上眼皮按压； 3）最后将手心搓热，按压整个眼周，直至眼霜被全部吸收			
4. 涂抹精华 1）先将两手手心搓热，再将精华倒在手心进行按压涂抹； 2）涂抹的顺序应该是脸颊从下到上，由内而外进行，额头往两侧，鼻子往两侧，下巴往两侧，轻轻拍打提拉			
5. 涂抹乳液或面霜 1）使用时以指腹蘸取乳液或面霜，从脸的中心向外推抹使其被充分吸收； 2）油性皮肤或 T 区易出油部位可以适当减少用量			

2. 评分标准

面部滋润护理评分标准如表 1-2-2 所示。

表 1-2-2 面部滋润护理评分标准

序号	修饰内容	考核要求	评分标准	分值
1	产品合适	根据自己的肤质和年龄选择合适的面部滋养护理产品	滋润护理时所需要用到的化妆水、眼霜、精华、乳液或面霜均应根据自己的年龄和肤质来进行挑选，一项扣 5 分，最多扣 20 分	20
2	护理顺序	按正确的护理顺序进行面部滋润护理	1）根据化妆水—眼霜—面部精华—乳液 / 面霜顺序来进行面部滋润护理，顺序步骤错一个扣 5 分，最多扣 20 分； 2）根据肤质选择乳液或面霜，选错扣 10 分	30

续表

序号	修饰内容	考核要求	评分标准	分值
3	护理手法	按正确的护理手法及工具来进行面部滋润护理	1）没有在洁面后面部湿润状态进行化妆水的拍打，影响滋润效果，扣5分； 2）拍打化妆水或涂抹乳液和精华时没有按照从下到上、由内到外的顺序，每项扣5分，最多扣15分； 3）涂抹眼霜和精华时没有将手心搓热放在眼部和脸部按压，影响最终吸收效果，每项扣5分，最多扣10分	30
4	整体效果	所有滋润步骤结束之后的脸部状态	面部缺乏滋润感，最多扣20分	20

3. 实训评价

将实训评价结果填入表1-2-3中。

表1-2-3　实训评分表

修饰内容	分值	学生自评20%	学生互评30%	教师评分50%	总评100%	扣分备注
产品合适	20					
护理顺序	30					
护理手法	30					
整体效果	20					
合计得分	100					

巩固复习

1. 拍打化妆水时的注意事项有哪些？
2. 涂抹面部精华时的注意事项有哪些？

任务拓展

1. 根据产品的使用效果和自己的肤质以及经济承受能力，找出一套最适合自己的面部滋润产品。
2. 根据自己的使用体验，谈一谈拍打化妆水时用化妆棉和不用化妆棉哪个更好。

任务三
面部面膜护理

知识目标

➤ 了解面膜的功效。
➤ 了解面膜的分类。
➤ 掌握面膜的正确使用方法。
➤ 掌握面膜使用的注意事项。

能力目标

➤ 能正确选择适合自己的面膜。
➤ 能正确使用面膜。

一、面膜的功效

面膜护理是皮肤护理中十分重要的环节，敷面膜对我们的皮肤有很大的好处。它不仅可以让皮肤充分补水，防止毛孔堵塞，也可以让皮肤得到更好的保湿。面膜护理的作用主要有以下几种。

（一）深层清洁的作用

面膜敷贴在面部皮肤一般都是 20min 左右，当撕落面膜贴时，能把皮肤表皮脱落的细胞、深层的油脂污垢、残留的彩妆等平常难以洗干净的污垢完全清除。

（二）营养皮肤的作用

除了面膜本身带有的一些营养成分外，敷面膜时还能增加皮肤表面的温度，从而加速血液循环，并能减少面部皮肤的水分蒸发，软化角质层，扩大毛孔，加强面部皮肤对营养物质的吸收，减缓皮肤松弛。

（三）补水保湿的作用

面膜中的水分可以在短时间内注入皮肤，能充分滋润皮肤的角质层，增加角质层的含水量，让其软化、通透，从而促进水分和营养的吸收。秋冬干燥季节是敷面膜的最佳时节。

（四）特殊的"治疗"作用

有些功能性面膜按照相应的治疗作用添加了一些有效成分，可以用于一些面部皮肤问题的治疗，但这类面膜最好是在皮肤科医生的指导下正确使用。

二、面膜的分类

（一）根据面膜的作用与功效分类

面膜根据其作用与功效可以分为以下几类。

1. 清洁面膜

清洁面膜是最常见的一种面膜，可以清除毛孔内的脏东西和多余的油脂，并去除老化角质，使肌肤清爽、干净。

2. 保湿面膜

保湿面膜即补水面膜，含保湿剂，将水分锁在膜内，软化角质层，并帮助肌肤吸收营养，适合各类肌肤，尤其适合干性皮肤。

3. 舒缓面膜

舒缓面膜可以迅速舒缓肌肤，消除疲劳感，恢复皮肤的弹性和光泽，适合敏感性皮肤。

4. 紧致面膜

部分功能性面膜能使皮肤绷紧、毛孔缩小，使皱纹变淡，适合没有时间去美容院做护理的女性。

5. 美白面膜

美白面膜可以清除死皮细胞，兼具清洁、美白双重功效，使肌肤细嫩光滑，白皙透亮。

6. 去皱面膜

去皱面膜是含有抗皱除皱及抗衰老功效的营养成分的面膜，这些营养成分被皮肤吸收后，可以达到淡化脸上皱纹的功效。

7. 祛痘面膜

祛痘是面膜中的一个类别，也是痘痘肌皮肤常选择的一类面膜，其主要目的是祛痘，并实现其他功能，如补水、保湿等。

8. 再生面膜

再生面膜内含有植物精华，能软化表皮组织，促进肌肤新陈代谢，适合干性及缺水性肌肤使用。

（二）根据面膜的质地分类

面膜根据其质地可以分为以下几类。

1. 贴片式面膜

贴片式面膜是将调配好的高浓度保养精华液吸附在面膜布上（图 1-3-1），也是我们平时最常见、常用的面膜类型。这种面膜服贴性好，透气性强，精华液渗透性好，而且使用简单。

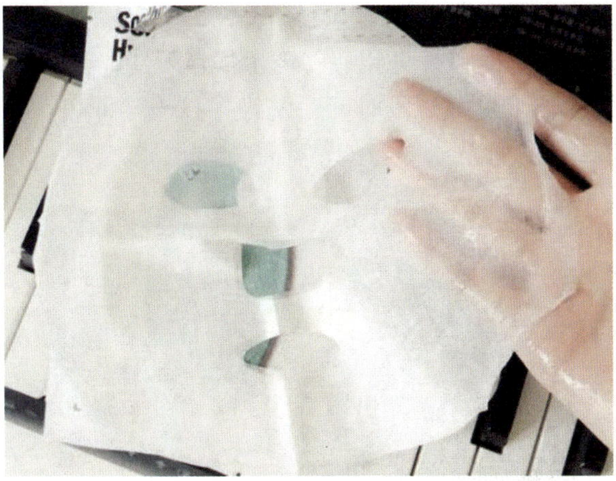

图 1-3-1　贴片式面膜

2. 撕拉型面膜

撕拉型面膜的主要成分是高分子胶、水和酒精，它可以通过升高表皮温度来促进血液循环和新陈代谢（图 1-3-2）。取下时要自上而下进行撕剥，避开发际线、眉毛、眼眶和嘴唇周围的肌肤。

3. 冻胶型面膜

冻胶型面膜是凝胶状的面膜，有不透明和透明两种形态。不透明的含有较多的油性成分，适合干性皮肤；透明的只加入了水溶性成分，适合油性皮肤（图 1-3-3）。冻胶型面膜涂抹时要有一定的厚度，一定要盖住毛孔才能更好地发挥其作用。

图 1-3-2　撕拉型面膜

图 1-3-3　冻胶型面膜

4. 乳霜型面膜

乳霜型面膜与晚霜的质地和效果相似（图 1-3-4），具有美白、保湿、舒缓等作用。用法也较简单，均匀涂抹于脸上一段时间后洗净擦拭干净即可，有些也可以不用洗净直接涂抹后过夜，第二天再清洗干净，如常见的睡眠面膜。

图 1-3-4　乳霜型面膜

5. 膜粉型面膜

用水和软膜粉调和好后（图 1-3-5），涂抹在脸上，15min 后成膜，然后轻轻撕下，这是美容院常见的一种面膜形式，有保湿、清洁、去黄等不同效果，便于清洁。

图 1-3-5　膜粉型面膜

三、面膜的使用方法

（一）面膜护理所需物品

面膜护理时需要使用爽肤水、乳液、面膜（涂抹式、贴片式）、眼霜、精华、面霜、化妆棉、纸巾等（图 1-3-6 和图 1-3-7）。

图 1-3-6　面膜用品（涂抹式）

图 1-3-7　面膜用品（贴片式）

（二）面膜涂抹方法

1. 贴片式面膜

（1）卸妆与洁面

先用卸妆品彻底卸妆，再用洁面乳进行洁面，清洁后用一次性毛巾吸干脸部水分

面部滋润护理

（图 1-3-8），这时候的皮肤是最湿润的，吸收营养也比较快。

（2）爽肤与润肤

使用化妆棉充分蘸湿爽肤水，轻柔地拍于脸部肌肤上（图 1-3-9），起到二次清洁的作用，亦有滋润皮肤的作用。

图 1-3-8　卸妆清洁（1）

图 1-3-9　皮肤护理（1）

（3）敷膜

将贴片式面膜轻柔地贴敷于面部，紧贴五官不留气泡（图 1-3-10），便于面膜纸上的保湿精华吸收。在敷的过程中，可以将面膜包装卷起来，不断将里面多余的精华液倒在脸上。

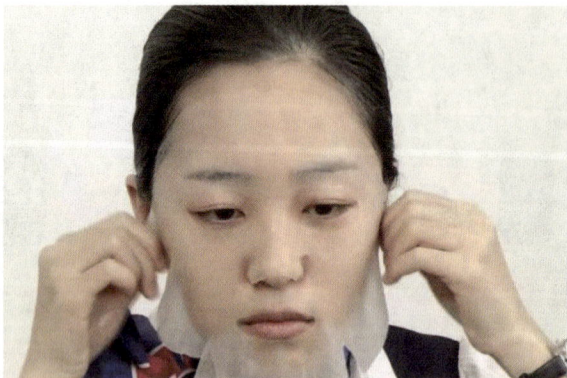

图 1-3-10　贴敷面膜

（4）清洗与护肤

15～20min 后，将面膜自下而上揭下（图 1-3-11），继续按摩让脸上的精华液充分吸收，无法吸收的精华液用清水洗掉。清洗后需要进一步护肤，涂抹精华和面霜是不可少的一个步骤（图 1-3-12），面霜具有锁水保湿的效果，在敷面膜之后涂抹面霜能使肌肤持续保湿。

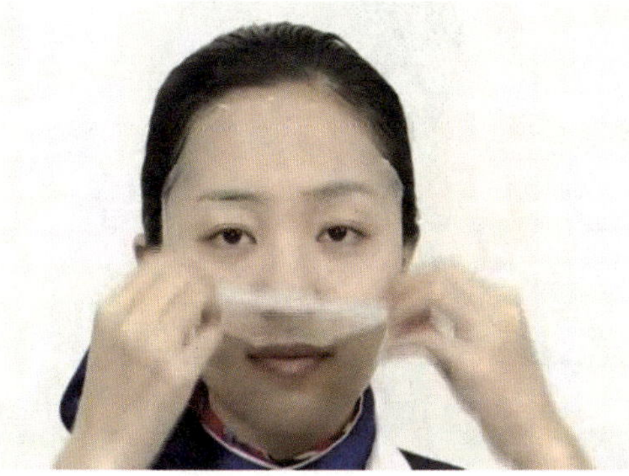

图 1-3-11 揭取面膜

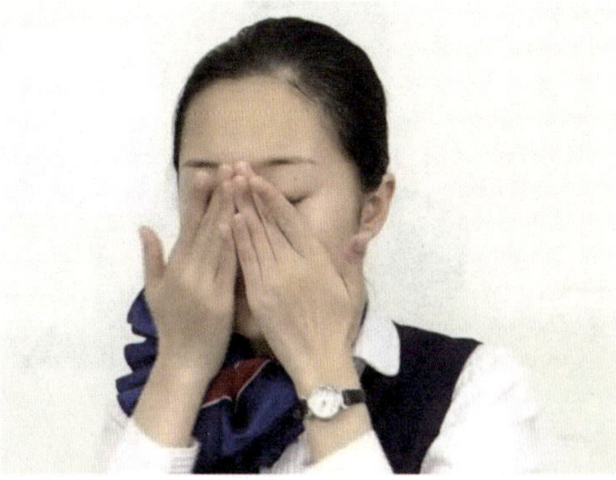

图 1-3-12 皮肤护理（2）

2. 涂抹式面膜

（1）卸妆与洁面

先用卸妆品彻底卸妆，再用洁面乳进行洁面，清洁后用一次性毛巾吸干脸部水分（图 1-3-13），这时候的皮肤是最湿润的，吸收营养也比较快。

图 1-3-13 卸妆清洁（2）

（2）爽肤与润肤

将爽肤水倒于手心（图 1-3-14），轻柔地拍于脸部肌肤上（图 1-3-15），起到二次清洁的作用，亦有滋润皮肤的作用。

（3）涂抹

使用涂抹式面膜时需要将面膜涂抹在脸部，用面膜自带的涂抹棒或是面膜刷来敷膜。用面膜挖勺挖取适量的面膜（图 1-3-16）均匀地涂在脸上，避开眼部和唇部（图 1-3-17），在脸上保持 15 ～ 20min，并在脸上进行打圈按摩。

图 1-3-14　皮肤护理（3）

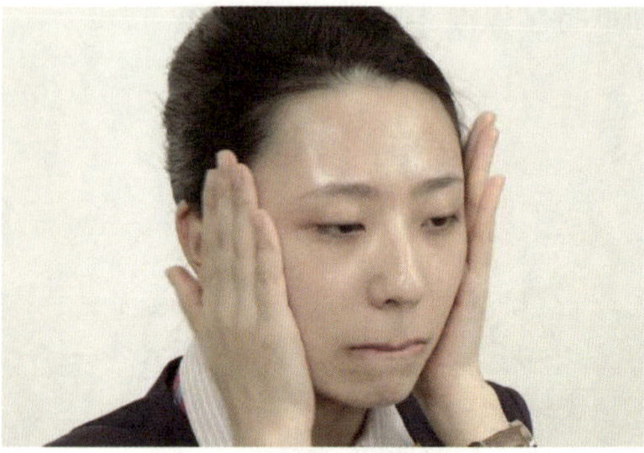

图 1-3-15　皮肤护理（4）

图 1-3-16　挖取面膜

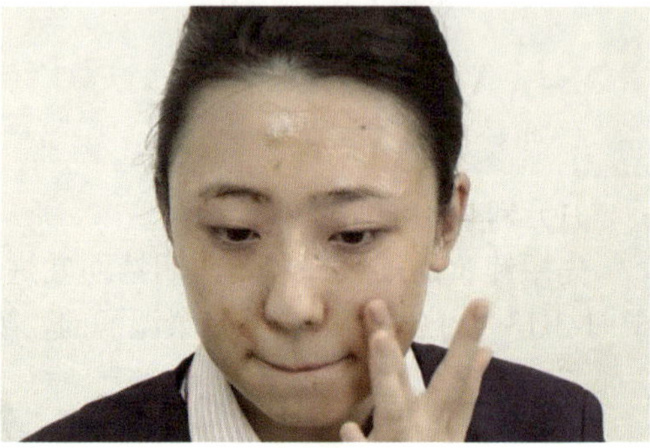

图 1-3-17　涂抹面膜

（4）清洗与护肤

15 ～ 20min 后，用清水将面膜冲洗干净（图 1-3-18）。清洗后需要进一步护肤，涂抹精华和面霜是不可少的一个步骤（图 1-3-19），面霜具有锁水保湿的效果，在敷面膜之后涂抹面霜能使肌肤持续保湿。

图 1-3-18　清洗面膜

图 1-3-19　皮肤护理（5）

四、敷面膜的注意事项

敷面膜是女性日常皮肤护理中不可缺少的一项内容，定期通过面膜进行护理，可以更好地清洁皮肤，并使皮肤进一步地补水保湿。有些人坚持几乎天天敷面膜，肤质却没有任何改善，主要是因为敷面膜的方法不对，因此，要特别注意敷面膜时的一些注意事项。

（一）敷面膜之前要清洁到位

不少人在敷面膜之前只是简单地用洗面奶清洗一下，其实去角质也是十分重要的。如果角质层较厚，面膜中的精华液就很难被吸收。因此，除了定期做好去角质的工作之外，在洗脸后也可以进行二次清洁，即先用化妆棉浸满化妆水，轻轻擦拭皮肤，将脸上的废弃角质带走，再敷面膜。清洁完皮肤之后就应该马上敷面膜了，这时候的皮肤是最湿润的，吸收营养也比较快，效果也是最好的。所以，在洗完脸之后最好不要等到皮肤干了以后再去敷面膜，否则效果就会大打折扣。

（二）敷面膜的时间

敷面膜的最好时间是从晚上九点开始。晚上九点到十点是护理皮肤的最好时间，晚上十点以后不建议敷面膜，因为晚上十点到凌晨两点是人体休息的最佳时间。在敷面膜时，最好躺着，这样面膜会更加紧贴面部。同时，可以让身心都放松下来，这样才能达到最好的敷面膜效果。另外，很多人认为敷面膜的时间越长越好，其实时间不宜过长，以 15min 左右为宜。如果敷面膜的时间太长，不仅不会为皮肤补充水分，反过来还会吸收皮肤的水分，这样会加速皮肤的老化。所以，15min 之后，如果面膜上还有剩余的营养液，可以把它涂抹在脖子、手臂上，这样就不会浪费了。

（三）敷面膜的次数

有些人认为每天敷面膜对皮肤好，其实不然，清洁面膜如果每天使用容易引起肌肤敏感甚至红肿，令尚未成熟的角质层失去抵御外来侵害的能力；滋润面膜如果每天使用，对皮肤吸收较差的人来说容易造成毛孔阻塞，肌肤的废物得不到排除，从而引起暗疮，滋生痘痘。因此面膜不能天天使用，一般建议一周用 1 ～ 2 次。

实训练习

1. 实训内容

对照表 1-3-1 的内容，独立完成一次完整的面膜护理。

表 1-3-1 面膜护理实训操作单

空中乘务专业化妆技能实训操作单			
操作内容	面膜护理		
操作地点	化妆教室	操作时间	30min
具体内容			
1. 化妆准备 化妆品：卸妆油、卸妆膏、洗面奶、化妆水、眼霜、精华液、乳液、面霜、面膜 化妆工具：化妆棉、洗脸巾、棉签			
2. 面部清洁 用卸妆油或卸妆水等卸妆产品先进行眼部和唇部卸妆； 用卸妆油或卸妆水等卸妆产品对面部进行卸妆； 用洗面奶进行洁面			
3. 面膜护理 1）确认面部清洁工作已完成； 2）轻拍化妆水进行二次清洁； 3）用贴片式面膜或涂抹式面膜敷上整个脸部，避开眼睛和嘴唇； 4）15～20min 后取下面膜并进行清洗及后续护肤			
4. 面部滋润护理 1）确认面部清洁工作已完成或面膜护理已完成； 2）轻拍化妆水； 3）用正确的手法涂上眼霜； 4）用正确的手法涂上面部精华； 5）最后在脸上涂上面霜			

2. 评分标准

面膜护理评分标准如表 1-3-2 所示。

表 1-3-2 面膜护理评分标准

序号	修饰内容	考核要求	评分标准	分值
1	产品合适	根据模特的肤质、肤色以及年龄选择合适的卸妆产品、清洁产品、面部滋润产品和面膜产品	1）没有选择正确且合适的卸妆、清洁产品和工具，最多扣 10 分； 2）没有选择正确且合适的面部滋润产品及工具，最多扣 10 分； 3）没有选择合适的面膜产品，扣 5 分	25
2	护理顺序	按照正确的护理顺序进行面部清洁、面部滋润和面膜护理	1）按照卸妆—清洁—擦干的顺序进行面部清洁护理，最多扣 10 分； 2）按照化妆水—眼霜—面部精华—乳液／面霜的顺序进行面部滋润护理，最多扣 10 分； 3）按照清洁—面膜—滋润护理的顺序完成整个面部基础护理，最多扣 10 分	30

续表

序号	修饰内容	考核要求	评分标准	分值
3	护理手法	按照正确的护理手法及工具进行面部清洁护理、面部滋润和面膜护理	1) 未按照正确的手法进行面部清洁及滋润护理，最多扣10分； 2) 未能及时在面部清洁之后脸部湿润的状态下进行面膜敷贴或涂抹，以及未在面膜护理之后及时进行面部滋润护理，每项扣5分； 3) 敷贴或涂抹面膜时间过长或过短，扣10分； 4) 未按照从下往上的方向将面膜揭掉，扣5分	35
4	整体效果	所有步骤结束之后的面部状态	面部整体缺乏护理之后的光泽感和滋润感，扣10分	10

3. 实训评价

将实训评价结果填入表1-3-3中。

表1-3-3 实训评价表

修饰内容	分值	学生自评20%	学生互评30%	教师评分50%	总评100%	扣分备注
产品合适	25					
护理顺序	30					
护理手法	35					
整体效果	10					
合计得分	100					

巩固复习

1. 进行面部清洁护理时，需要注意哪些细节？
2. 针对不同类型的皮肤，应如何选择适合的护肤品？
3. 面膜的种类有哪些？
4. 进行面膜护理时，要注意哪些事项？

任务拓展

1. 根据肤质的纸巾测定法判断自己的皮肤类型，并为自己设计一套完整的适合自己肤质的护肤方法。
2. 尝试做一次面膜测试，看看不同种类的面膜在使用感受及效果上有何区别。

手部基础护理

知识要点

- 了解手部基础穴位。
- 掌握手部清洁步骤。
- 熟悉指甲修型方法。
- 掌握指甲油涂抹方法。

技能目标

- 能按步骤正确清洁手部皮肤。
- 能按步骤按摩手部皮肤。
- 能正确点压手部穴位。
- 能正确修正甲型。
- 能正确涂抹透明甲油。

任务一
手 部 清 洁

知识目标

➤ 了解手部清洁的重要性。

➤ 了解手部清洁的注意事项。

➤ 掌握手部清洁的方法。

能力目标

➤ 能正确使用手部清洁用具。

➤ 能正确进行手部清洁。

一、手部清洁作用

手部护理有鲜嫩皮肤的益处。手部皮肤跟面部皮肤一样需要去角质，以避免干燥、去斑抗老。手是人的第二张脸，维护手部皮肤的健康也能起到递好第一张名片的作用。

二、手部清洁用具

个人手部清洁所需用具如下：毛巾、75%浓度的酒精、棉花（片）、榉木棒、浸手碗、指皮软化剂、指皮推、指皮剪、营养油、一次性纸巾、废物袋等。

三、手部清洁方法

1）准备好已消毒完毕的工具和用品（图 2-1-1）。

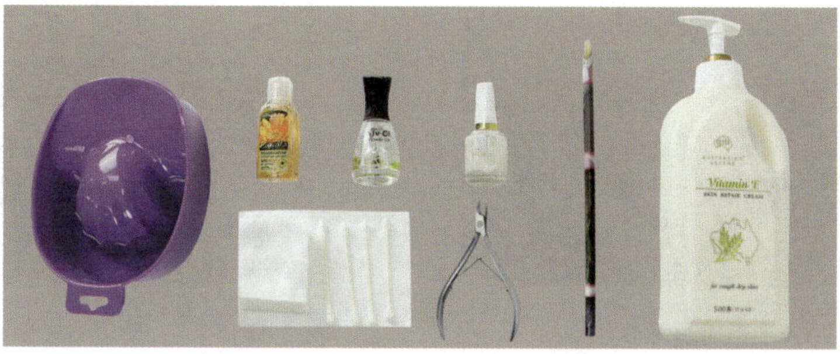

图 2-1-1　手部清洁工具和用品

2）用 75% 浓度的酒精给双手消毒（图 2-1-2）。

3）在浸手碗中注入温水，加入适量的护理液浸泡手部（图 2-1-3）。

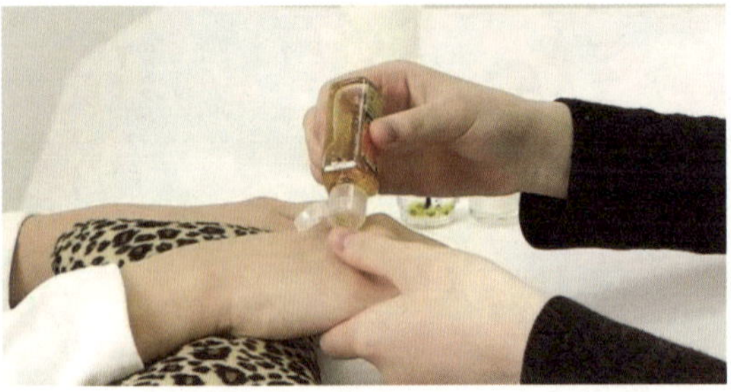

图 2-1-2　手部消毒

图 2-1-3　浸泡手部

4）将双手移出浸手碗，用毛巾擦干（图 2-1-4）。

5）用棉签蘸取酒精从左手小拇指开始依次清洁每个指甲前缘下方的污渍（图 2-1-5）。

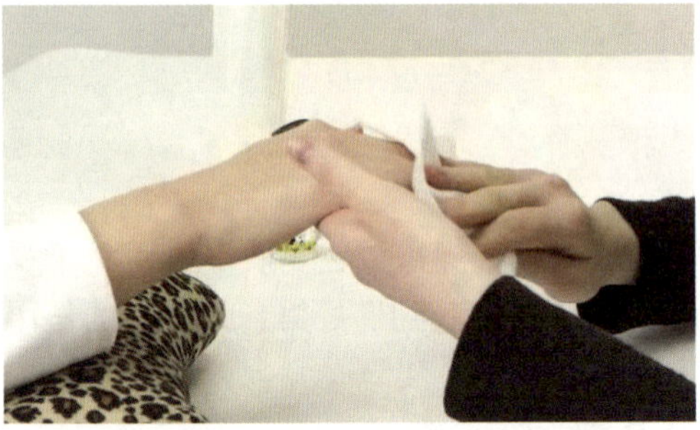

图 2-1-4　擦干手部

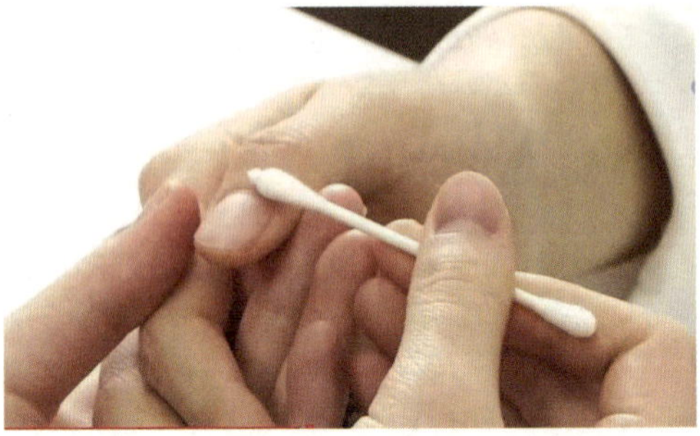

图 2-1-5　清除污渍

6）在指甲后缘处涂抹指皮软化剂，加速后缘指皮的疏松、软化（切忌过多涂抹到指甲表面）（图 2-1-6）。

7）用指皮推将指甲后缘指皮轻轻向指甲后缘处轻推至起翘（图 2-1-7）。

图 2-1-6　指甲后缘软化

图 2-1-7　指甲后缘修理

8）用指皮剪剪去疏松起翘的后缘指皮，同时剪去指甲甲沟两侧硬茧（图 2-1-8）。在一个指甲上完成后再进行下一个指甲的操作。

9）在指甲后缘处涂抹营养油（图 2-1-9）。

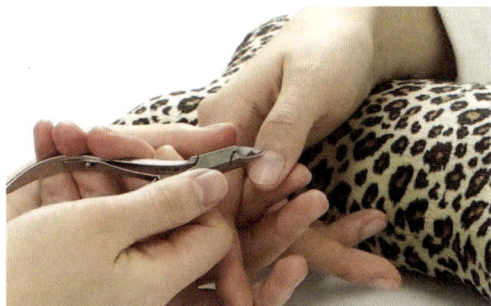

图 2-1-8　指甲甲沟修理

图 2-1-9　涂抹营养油

10）轻轻按摩后缘指皮（图 2-1-10）。

图 2-1-10　按摩指皮

11）用蘸有酒精的棉花或棉片清除指甲表面的浮油，用棉签蘸取酒精清洁指甲甲沟、甲壁、指皮后缘和指甲前缘下方的残留油渍。

【注意事项】
顺序总是从左手到右手，从每只手的小拇指开始。

实训练习

1. 实训内容

对照表 2-1-1 的内容，两人一组合作完成一个完整的手部清洁设计。

表 2-1-1　手部清洁护理实训操作单

空中乘务专业化妆技能实训操作单			
操作内容	手部清洁护理		
操作地点	化妆教室	操作时间	15min
具体内容			

1. 化妆准备
主要化妆品和化妆工具:毛巾、浓度 75% 的酒精、棉花(片)、榉木棒、浸手碗、指皮软化剂、指皮推、指皮剪、营养油、一次性纸巾、废物袋等

2. 手部清洁
1)双手消毒;
2)双手浸泡并擦干;
3)清洁污渍;
4)清理手部;
5)涂营养油

2. 评分标准

手部清洁护理评分标准如表 2-1-2 所示。

表 2-1-2　手部清洁护理评分标准

序号	考核内容	考核要求	评分标准	分值
1	准备工作	能做好卫生消毒及工具摆放等工作	1)物品卫生消毒不到位,扣 10 分; 2)工具准备不齐全、摆放不整齐,扣 10 分	20
2	清洁步骤	能使用正确的清洁步骤完成手部清洁	完成正确的清洁步骤:消毒—浸泡—软化—去除甲沟甲缘污渍—清洁手部皮肤。每个步骤未完成扣 5 分	30
3	完成效果	手部指甲甲盖里痕迹干净,手部皮肤完全清洁	1)手部皮肤清洁不干净,扣 10 分; 2)甲沟、甲缘不干净,扣 20 分	30
4	结束工作	能规整收理好工具,并清理周围环境	1)工具摆放未归位,扣 10 分; 2)周边环境清理不干净,扣 10 分	20

3. 实训评价

将实训评价结果填入表 2-1-3 中。

表 2-1-3　实训评价表

修饰内容	分值	学生自评20%	学生互评30%	教师评分50%	总评100%	扣分备注
准备工作	20					
清洁步骤	30					

续表

修饰内容	分值	学生自评20%	学生互评30%	教师评分50%	总评100%	扣分备注
完成效果	30					
结束工作	20					
合计得分	100					

巩固复习

1．手部清洁时的注意事项有哪些？
2．清洁甲沟、甲缘使用的工具有哪些？

任务拓展

1．结合手部皮肤特质，找出一款最适合自己的系列清洁产品。
2．结合手部清洁步骤，设计一款简化版清洁步骤。

任务二
手部按摩护理

知识目标

➤ 了解手部按摩的重要性。
➤ 掌握手部的常见穴位。
➤ 掌握手部按摩的方法。

能力目标

➤ 能正确使用手部按摩用具。
➤ 能正确进行手部按摩。

一、手部按摩作用

双手的神经细胞在大脑中占有相当的比例。通过手掌和手指的运动，刺激大脑位于手掌上的反射区，有助于大脑的保健、促进手部血液循环。适当的手掌按摩是预防疲劳综合征的一个有效办法，可起到缓解疲劳的作用。

二、手部按摩用具

手部按摩用具包括手部营养霜、营养油、化妆棉等。

三、手部按摩常见穴位

手部常见的按摩穴位有合谷穴、中渚穴、劳宫穴、阳溪穴、阳谷穴和鱼际穴6个，具体位置和作用见表2-2-1。

表2-2-1 手部基础穴位

序号	穴位名称	穴位位置	穴位作用	图示
1	合谷穴	位于第二掌骨的中间，属手阳明大肠经	具有止痛、疏风解表、清热、活血通络的功效，可降低血压、镇静神经	合谷穴
2	中渚穴	位于手背部，第四、第五掌指关节的后方凹陷处，属手少阳三焦经	可以治疗耳聋、耳鸣、头疼、眩晕	中渚穴
3	劳宫穴	位于手心的位置，在手心横纹中第二、第三掌骨的中间，也就是微微握拳后中指所指的位置，属手厥阴心包经	可以治疗中风、昏迷、中暑等急症，或心烦、心痛、癫狂等神志疾病	劳宫穴
4	阳溪穴	位于腕背横纹桡侧，手拇指上翘起时，拇短伸肌腱与拇长伸肌腱之间的凹陷中，属手阳明大肠经	主要治疗风热上扰之头痛、目赤肿痛、齿痛、咽喉肿痛、耳鸣、耳聋诸病症，局部经络阻滞之臂腕痛、活动不利诸症	阳溪穴
5	阳谷穴	位于腕后区，尺骨茎突与三角骨之间的凹陷中，属手太阳小肠经	有通经活络、明目安神、镇惊聪耳的功效，还可以缓解头痛目眩、目赤肿痛、耳鸣耳聋等病症	阳谷穴

续表

序号	穴位名称	穴位位置	穴位作用	图示
6	鱼际穴	位于第一掌骨中点桡侧缘，亦白肉际处，属手太阴肺经	可以增强肺功能，在小儿推拿中，通过揉按鱼际穴，可以治疗小儿咳嗽、咳痰等症	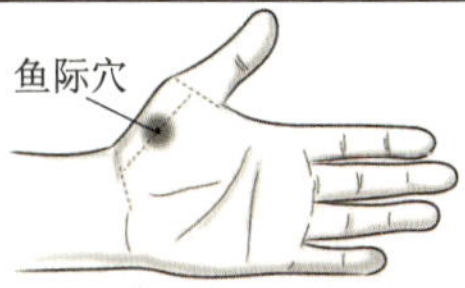 鱼际穴

手部按摩护理

四、手部按摩方法

1）准备好已消毒完毕的用具（图 2-2-1）。

图 2-2-1　手部按摩用具

2）轻柔手臂：在手臂上涂抹身体乳，将双手拇指按在手腕上，以打圈的方式向上按摩至手臂曲池穴（图 2-2-2），然后换另一手臂。该动作重复 2 次。

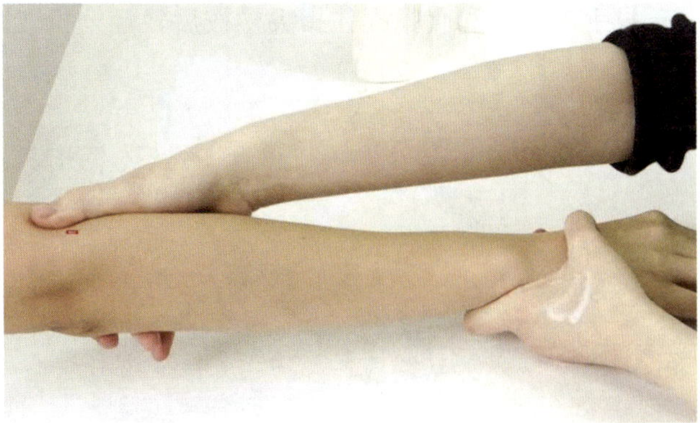

图 2-2-2　手臂按摩

3）推按手掌及手背：双手拇指的第一指节以打圈的方式从手腕渐次按摩至手掌（图 2-2-3 和图 2-2-4）。该动作重复 2 次。

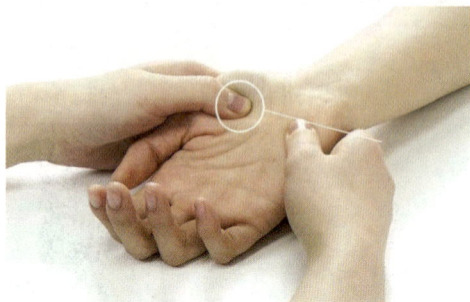

图 2-2-3　推按手掌

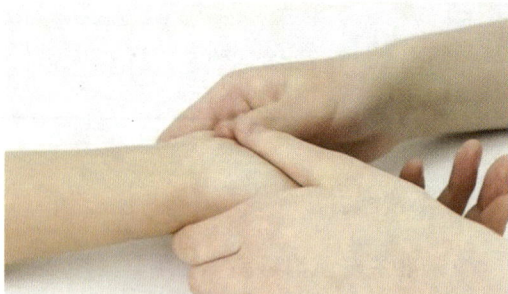

图 2-2-4　推按手腕

4）揉捏手指：按从小指到大拇指的顺序，用拇指和食指揉捏法，从指节开始渐次揉搓至指尖，然后回到指节处（图 2-2-5）。该动作在每个手指上重复 2 次。

5）旋转手腕：双手手指交叉（图 2-2-6），向左旋转手腕 3 次，再向右旋转手腕 3 次。

图 2-2-5　揉捏手指

图 2-2-6　旋转手腕

6）轻拉手指：一只手的拇指和食指捏住指尖揉按后轻轻一拉（图 2-2-7）。该动作重复 2 次。

图 2-2-7　轻拉手指

【注意事项】

按摩动作应按顺序从手臂到手腕再到指尖。手指按摩结束后，可放松地甩甩整个手臂。按摩手法适当灵活，力度因人而异。

实训练习

1. 实训内容

对照表 2-2-2 的内容，两人一组合作完成一个完整的手部按摩护理设计。

表 2-2-2 手部按摩护理实训操作单

空中乘务专业化妆技能实训操作单			
操作内容	手部按摩护理		
操作地点	化妆教室	操作时间	20min
具体内容			
1. 化妆准备 主要化妆品和化妆工具：手部营养霜、营养油、化妆棉			
2. 手部按摩 使用正确手法和产品进行手部按摩： 1）轻揉手臂； 2）推按手掌； 3）揉捏手指； 4）旋转手腕； 5）轻拉手指			

2. 评分标准

手部按摩护理评分标准如表 2-2-3 所示。

表 2-2-3 手部按摩护理评分标准

序号	考核内容	考核要求	评分标准	分值
1	准备工作	能做好卫生消毒及工具摆放等工作	1）物品卫生消毒不到位，扣 10 分； 2）工具准备不齐全、摆放不整齐，扣 10 分	20
2	按摩步骤	能使用正确的按摩步骤完成手部按摩	1）完成正确的按摩步骤由：手臂—手掌—手指—手腕—手指。每个步骤失误扣 5 分； 2）漏步骤完成手部按摩，扣 10 分	30
3	完成效果	手部指甲甲盖里痕迹干净，手部皮肤完全清洁	1）手部皮肤清洁不干净，扣 10 分； 2）甲沟、甲缘不干净，扣 20 分	30

续表

序号	考核内容	考核要求	评分标准	分值
4	结束工作	能规整收理好工具，并清理周围环境	1）工具摆放未归位，扣10分； 2）周边环境清理不干净，扣10分	20

3. 实训评价

将实训评价结果填入表2-2-4中。

表2-2-4　实训评价表

考核内容	分值	学生自评20%	学生互评30%	教师评分50%	总评100%	扣分备注
准备工作	20					
按摩步骤	30					
完成效果	30					
结束工作	20					
合计得分	100					

巩固复习

1. 手部按摩时的注意事项有哪些？
2. 手部按摩穴位有哪些？它们的作用分别是什么？

任务拓展

1. 结合手部皮肤肤质，找出一款最适合自己的系列手部按摩产品。
2. 结合手部按摩步骤，设计一款简化版手部按摩步骤。

任务三
基础甲型修理

知识目标

➢ 熟悉常见甲型。
➢ 掌握基础甲型的修理方法。
➢ 了解甲型修理的注意事项。

知识目标

➢ 能正确使用甲型修理的工具。

➢ 能正确进行甲型修理。

一、常见甲型介绍

常见甲型有圆形、方圆形、方形、梯形、尖形、杏仁形，如图 2-3-1 所示。

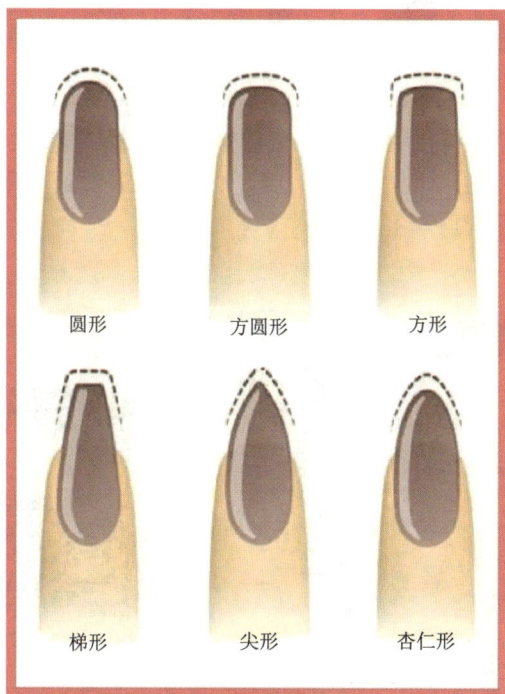

圆形　　　　　方圆形　　　　　方形

梯形　　　　　尖形　　　　　杏仁形

图 2-3-1　常见甲型

二、基础甲型修理工具

基础甲型修理工具包括消毒液、消毒液容器、毛巾、垫枕、75% 浓度的酒精、棉花（片）、榉木棒、小镊子、指甲刀、180 号及 240 号打磨砂条、粉尘刷、自然甲抛光块（条）、营养油、一次性纸巾、废物袋等。

三、基础甲型修理方法

1）摆放好已消毒过的用具（图 2-3-2）。

基础甲型修理

图 2-3-2　指甲修理用具

2）使用指甲刀从左手小拇指开始，依次至右手小拇指修剪指甲，然后用 180 号打磨砂条单方向（切忌来回）修整手指甲前缘（图 2-3-3）。最后用粉尘刷清除干净指甲表面和甲沟内的粉尘（图 2-3-4）。

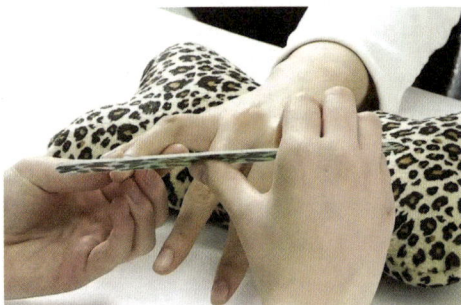

图 2-3-3　修整甲型

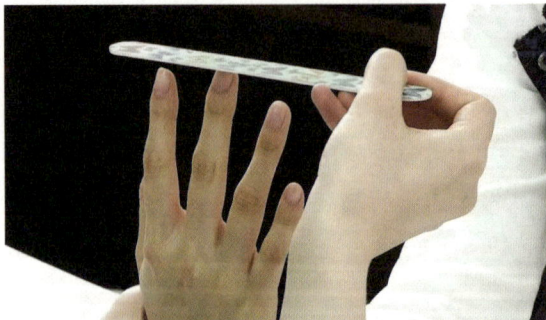

图 2-3-4　清扫粉尘

3）使砂条与指甲前缘呈 90°（图 2-3-5），检验指甲形状是否标准。

图 2-3-5　检验甲型

4）先打磨甲面，用 240 号打磨砂条刻磨指甲（图 2-3-6），再用粉尘刷清除干净指甲表面和甲沟内的粉尘（图 2-3-7）。

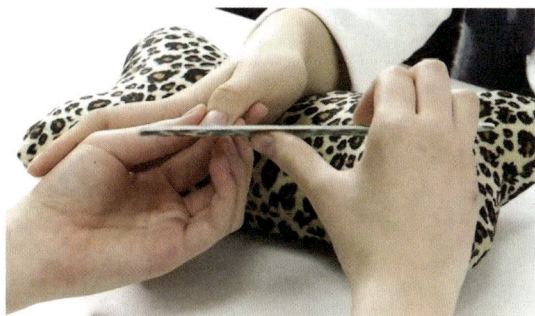

图 2-3-6　打磨甲面

图 2-3-7　清除粉尘

5）先在指甲边缘皮肤上涂上营养油，用自然甲抛光块（条）由粗到细对指甲表面进行单向抛光（图 2-3-8）。

图 2-3-8　甲面抛光

【注意事项】

根据工作需要来调整指甲长度及甲缘的弧度。

实训练习

1. 实训内容

对照表 2-3-1 的内容，两人一组合作完成一个完整的基础甲型修理。

表 2-3-1　基础甲型修理实训操作单

空中乘务专业化妆技能实训操作单			
操作内容	基础甲型修理		
操作地点	化妆教室	操作时间	20min
具体内容			

化妆准备

主要化妆品和化妆工具：消毒液、消毒液容器、毛巾、垫枕、浓度 75% 的酒精、棉花（片）、榉木棒、小镊子、指甲刀、180 号及 240 号打磨砂条、粉尘刷、自然甲抛光块（条）、营养油、一次性纸巾、废物袋等

甲型修理

1）用打磨砂条修整指甲前缘形状；

2）打磨甲面，扫除粉尘；

3）涂营养油，单面抛光

2. 评分标准

基础甲型修理评分标准如表 2-3-2 所示。

表 2-3-2　基础甲型修理评分标准

序号	考核内容	考核要求	评分标准	分值
1	准备工作	能做好卫生消毒及工具摆放等工作	1）物品卫生消毒不到位，扣 10 分； 2）工具准备不齐全、摆放不整齐，扣 10 分	20
2	修型步骤	能使用正确的步骤完成手部甲型修理	1）未使用打磨砂条修整指甲前缘形状，扣 10 分； 2）使用抛光条打磨甲面后，未扫除粉尘，扣 10 分； 3）涂营养油，单面抛光不正确，扣 10 分	30
3	完成效果	手部甲型符合职业特点	1）甲型不符合职业气质，扣 20 分； 2）手部甲面抛光不均匀，扣 10 分	30
4	结束工作	能规整收理好工具，并清理周围环境	1）工具摆放未归位，扣 10 分； 2）周边环境清理不干净，扣 10 分	20

3. 实训评价

将实训评价结果填入表 2-3-3 中。

表 2-3-3　实训评价表

考核内容	分值	学生自评 20%	学生互评 30%	教师评分 50%	总评 100%	扣分备注
准备工作	20					
修型步骤	30					
完成效果	30					
结束工作	20					
合计得分	100					

1. 手部甲型修理时的注意事项有哪些？
2. 手部甲型修理中抛光有什么作用？

1. 寻找自己喜爱的甲型进行对比分析。
2. 根据职业特点，结合涂抹步骤，完成深色系甲油涂抹。

任务四
透明甲油涂抹

知识目标

➤ 了解涂抹甲油的作用。
➤ 掌握涂抹甲油的正确方法。
➤ 了解涂抹甲油的注意事项。

能力目标

➤ 能正确使用涂抹甲油的工具。
➤ 能正确进行甲油的涂抹。

一、甲油涂抹的作用

　　健康的自然甲看上去甲床粉红透亮，指甲表面光洁。通过漂亮统一的甲型与健康红润的甲油涂抹可提升手部指甲的健康色彩。

二、透明甲油涂抹工具

　　透明甲油涂抹工具包括 75% 浓度的酒精、棉花（片）、榉木棒、透明甲油、一次性纸巾。

三、透明甲油涂抹方法

　　1）用 75% 浓度的酒精消毒双手（图 2-4-1）。

2）用榉木棒包好棉花或用棉签清理干净指甲后缘，使之与指甲表面成45°，从指甲心峰的前缘方向来回擦拭指甲表面（图2-4-2）。

图 2-4-1　手部消毒

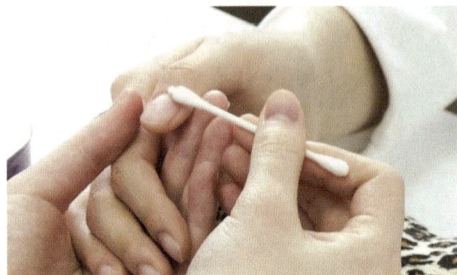

图 2-4-2　清理指甲表面

3）涂透明甲油（图2-4-3 和图2-4-4），边缘留 0.8mm，前缘包边，并照灯 30s。

图 2-4-3　涂甲油（1）

图 2-4-4　涂甲油（2）

【注意事项】

涂透明甲油，注意边缘留 0.8mm，力度适中，涂抹均匀，前缘需包边。根据空气湿度及温差来决定甲油照灯的时间，一般可使用烘干机。

实训练习

1. 实训内容

对照表 2-4-1 的内容，两人一组合作完成一个完整的透明甲油涂抹设计。

表 2-4-1 透明甲油涂抹实训操作单

空中乘务专业化妆技能实训操作单			
操作内容	透明甲油涂抹		
操作地点	化妆教室	操作时间	20min
具体内容			
1. 化妆准备 主要化妆品和化妆工具：75% 浓度的酒精、棉花（片）、榉木棒、透明甲油、一次性纸巾 2. 透明甲油涂抹 1）选择甲油色彩（透明）； 2）说出甲油色彩与职业需求的作用； 3）完成甲油涂抹			

2. 评分标准

透明甲油涂抹评分标准如表 2-4-2 所示。

表 2-4-2 透明甲油涂抹评分标准

序号	考核内容	考核要求	评分标准	分值
1	准备工作	能做好卫生消毒及工具摆放等工作	1）物品卫生消毒不到位，扣 10 分； 2）工具准备不齐全、摆放不整齐，扣 10 分	20
2	按摩步骤	能按正确的步骤涂抹甲油	1）未做到甲油涂抹时后缘保持 0.8mm，扣 15 分； 2）未做到指甲前缘被甲油包裹，扣 15 分	30
3	完成效果	手部指甲沟、前缘里痕迹干净，无甲油溢出	1）未完成甲油涂抹，扣 10 分； 2）甲沟、甲缘有甲油溢出，扣 20 分	30
4	结束工作	能规整收理好工具，并清理周围环境	1）工具摆放未归位，扣 10 分； 2）周边环境清理不干净，扣 10 分	20

3. 实训评价

将实训评价结果填入表 2-4-3 中。

表 2-4-3 实训评价表

考核内容	分值	学生自评 20%	学生互评 30%	教师评分 50%	总评 100%	扣分备注
准备工作	20					
涂抹步骤	30					
完成效果	30					
结束工作	20					
合计得分	100					

巩固复习

1. 进行手部甲油涂抹时，需要注意哪些细节？
2. 分析各职业适合的不同色系的甲油。

任务拓展

1. 依据个人职业特色进行甲油涂抹设计。
2. 根据目前的流行趋势为自己选择甲油颜色，并阐述搭配原则。

化妆品与化妆工具

知识要点

- 了解化妆品的基本功能。
- 掌握各种化妆工具的作用。
- 熟悉化妆辅助工具的使用方法。

技能目标

- 掌握各种化妆品的特性和使用方法。
- 掌握各种化妆工具的特性和使用方法。

任务一
认识化妆品

知识目标

➢ 掌握化妆品的使用方法。

能力目标

➢ 能正确使用各类化妆品。

➢ 能根据需求正确选择化妆品。

化妆品可大致分为卸妆品、护肤品和彩妆品三类。其中，护肤品和彩妆品是化妆造型的基础，不仅关系到皮肤的健康，更能影响妆容的风格和特性，以及最终呈现出的效果。因此，在化妆前，应该充分了解各类护肤品及彩妆品的质地和功能，以便在化妆时根据自己的肤质和其他特点，选择适合的化妆品牌和产品。

一、卸妆品

（一）卸妆油

卸妆油（图3-1-1）以卸妆为目的，为清洗专用，主要清除彩妆化妆品的油性残留物和毛孔皮脂分泌物。卸妆油是一种加了乳化的油脂，可以和脸上的彩妆融合，再通过水乳化的方式去除彩妆，适合较浓的妆容。使用时要保证手部和脸部的干燥，先取适量卸妆油涂抹于面部，轻轻打圈按摩，再用流动的清水冲洗干净。

（二）卸妆乳（卸妆膏）

卸妆乳（卸妆膏）（图3-1-2）是一种对肌肤负担较少的卸妆剂，水油平衡适中，可以很好地溶解彩妆化妆品，其水性成分可留住肌肤的滋润，适合日常生活妆容，也适合缺水肌肤。使用时，保持手和脸的干燥，将产品均匀涂于面部，轻柔按摩片刻，待皮肤表面的污物与产品充分溶解后用化妆棉或纸巾擦除，或用清水直接清洗干净。

（三）卸妆水

卸妆水（图3-1-3）也称卸妆液，是卸除彩妆的水剂化妆用品，通过产品中的水溶性成分与皮肤上的污垢结合，达到快速卸妆的目的，尤其适合快速卸除眼妆和唇妆。

用于卸除眼妆时，闭上眼睛，用浸湿了卸妆水的化妆棉按压在眼皮上 5s 左右，沿着睫毛生长方向移动化妆棉，轻轻擦拭干净即可；用于卸除唇妆时，先用食指和无名指夹住浸湿了卸妆水的化妆棉按压唇部 5s 左右，再轻轻竖着移动即可。

（四）洗面奶

洗面奶也叫洁面乳（图 3-1-4），用于清除面部皮肤表面的污垢，使皮肤保持清爽舒适，有助于保持皮肤正常生理功能，通常作为护肤环节中的第一步。

图 3-1-1　卸妆油

图 3-1-2　卸妆膏

图 3-1-3　卸妆水

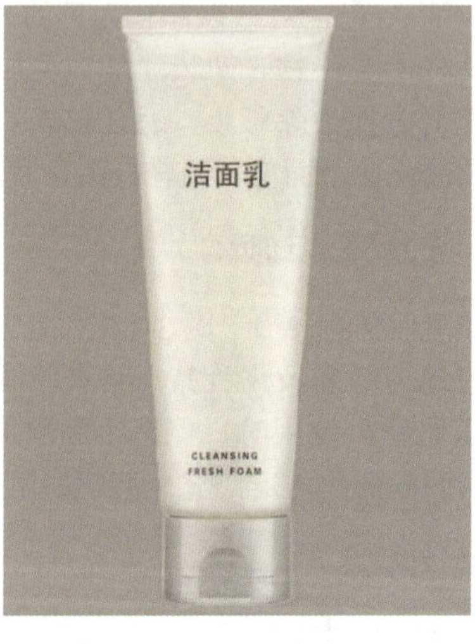

图 3-1-4　洁面乳

二、护肤品

（一）化妆水

化妆水（图 3-1-5）是脸部清洁之后的护肤品，它除了可以补充皮肤表面水分，收敛毛孔，抑制油脂分泌，给皮肤的角质层补充水分及保湿外，还可以起到二次清洁的作用。根据不同的肤质，化妆水可分为爽肤水、收敛水等。使用时，可以直接喷在皮肤表面，用指尖轻轻拍打以促进吸收；也可以使用化妆棉，将化妆棉浸湿后，在脸上由上往下轻轻擦拭。

图 3-1-5　化妆水

（二）乳液 / 面霜

乳液（图 3-1-6）和面霜（图 3-1-7）都是以保持皮肤，特别是皮肤最外面角质层中的适度水分为目的的护肤品。乳液的质地比较清爽，适合夏季或者油性皮肤使用；面霜比较厚重一些，适合秋冬干燥季节或中干性皮肤使用。

图 3-1-6　乳液

图 3-1-7　面霜

三、彩妆品

（一）隔离霜

隔离霜（图 3-1-8）是保护皮肤的重要产品，用在护肤之后、化妆之前，有防晒、隔离彩妆和脏空气以及调整肤色的作用。由于隔离霜具有调整肤色的作用，所以除了常见的肤色隔离霜之外，较常见的还有紫色隔离霜和绿色隔离霜。紫色可以中和黄色，适用于肤色偏黄的肌肤，而绿色可以中和红色，因此适合较红的肤色，还可以减轻痘痕的明显程度。

（二）妆前乳

妆前乳（图 3-1-9）是为了修饰肌肤色泽不均、暗沉，增强彩妆与皮肤的贴合度。由于其内含滋润成分，使用起来具有丝滑感，可以让毛孔干净细腻而有光泽。有些妆前乳也具有防晒的作用。

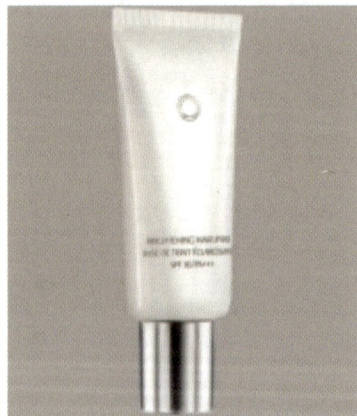

图 3-1-8　隔离霜　　　　图 3-1-9　妆前乳

（三）粉底液

粉底液（图3-1-10）主要呈液体状态，质地轻薄，易涂抹，少油腻感，适合大多数肌肤，尤其适合油性皮肤。粉底液的流动性强，易推开，控油效果比较好，但遮瑕力相对较弱。使用时，根据自己的肤色选择合适的色号，取少量均匀涂抹于面颊、鼻子、额头、下颚等部位，可借助手指、海绵或专用粉底刷，在全脸及脖子上由内向外、由上往下，配合涂抹或拍打的手法，获得均匀自然的妆面。

（四）粉底霜

粉底霜（图3-1-11）是底妆的基础，是用来调整皮肤色调、修整皮肤表面质感、遮盖面部瑕疵的化妆品。粉底霜的遮瑕能力比粉底液强，妆感较持久、服帖，但流动性差，不易推开，略显妆感，油脂含量较高，适合干性皮肤以及秋冬季节使用。粉底霜的使用方法和粉底液基本相同。

图 3-1-10　粉底液　　　　　　　　　　　图 3-1-11　粉底霜

（五）定妆粉

定妆粉（图3-1-12）又称散粉，有吸收面部多余油脂、减少面部油光的作用，可用于固定粉底，吸收过多的油脂，减少面部反光，使妆面更加自然持久、柔滑细致。使用时用粉扑蘸取定妆粉以轻柔按压的形式上妆，切勿涂抹；T区定妆时，额头与鼻翼重点定妆；每次蘸取少量定妆粉定妆，少量多次使用。

图 3-1-12　定妆粉

（六）腮红

腮红俗称胭脂，是指涂抹于面部颧骨部位，以呈现健康红润气色及突出面部立体感的化妆品。腮红通常为红色系，也有具有修容效果的褐色等。根据质地的不同，腮红可以分为粉状腮红（图 3-1-13）、膏状腮红（图 3-1-14）和液体腮红（图 3-1-15）。粉状腮红是最常见、最普遍的，只需以刷子轻轻蘸取，再刷在脸颊上即可，适合所有肤质，尤其是油性肌肤；膏状腮红颜色最为明亮饱和，可用手指或海绵沾染涂抹，适用于浓妆时；液体腮红是流动性的液体制品，质感透明，易上妆，用手指均匀涂抹或以海绵推匀即可，且方便携带，更适用于干性肌肤。

图 3-1-13　粉状腮红　　　　图 3-1-14　膏状腮红　　　　图 3-1-15　液体腮红

（七）眼影

眼影是涂在眼睑、眼角和眼尾部位，产生阴影和色调反差，凸显立体美感，达到强化眼神，强调眼部轮廓，增加眼部神采以及调整眼形的彩妆化妆品。眼影的质地种类较多，最为常见的是膏状眼影（图 3-1-16）和粉状眼影（图 3-1-17），一般通过专门的眼影刷来涂抹，也可直接用手指来快速涂抹。

图 3-1-16　膏状眼影　　　　　　　　图 3-1-17　粉质眼影

（八）眼线笔 / 眼线液 / 眼线胶

眼线也叫睫毛线，是由上、下眼睑前唇的睫毛根部排列而形成的特定美学结构。

通过画眼线的方式可以让双眼更有立体感，凸显双眼的轮廓和神采，使眼睛更为有神。常见的眼线产品为眼线笔（图3-1-18）、眼线胶（图3-1-19）和眼线液（图3-1-20）。初学画眼线者，建议使用笔芯较软的眼线笔，因为较容易掌握；眼线胶具有防水、速干、持久且不晕染等特点，但不太容易上色，因此使用眼线胶时速度要快，而且通常需要配合专门的眼线刷使用；眼线液可以使眼睛的线条轮廓更清晰、更持久，不易脱落。

图 3-1-18　眼线笔　　　　　图 3-1-19　眼线胶　　　　　图 3-1-20　眼线液

（九）睫毛膏

睫毛膏是涂抹于睫毛处的彩妆化妆品，视觉上可拉长睫毛，增加睫毛的浓密度，使睫毛看起来纤长、浓密、卷翘，使眼睛更有神采，增强眼睛的魅力。睫毛膏包括纤长型（图3-1-21）、浓密型（图3-1-22）、防水型等几种类型。

图 3-1-21　纤长型睫毛膏　　　　　　　图 3-1-22　浓密型睫毛膏

（十）眉笔和眉粉

眉笔（图 3-1-23）和眉粉（图 3-1-24）是常见的两种画眉工具。眉笔是眉墨制品的一种，是供眉毛修饰时用的产品，通常在用刮刀、镊子等工具将眉部杂毛修整后，再用眉笔画出适合脸部的眉形。眉笔的笔芯要比眼线笔硬，这样更有利于表现眉毛的质感。使用眉粉时，用眉粉刷蘸取眉粉后均匀地涂在眉毛上，由眉头向眉尾方向涂扫，用力轻而均匀，效果要比眉笔更自然。

图 3-1-23　眉笔　　　　　　　　　　图 3-1-24　眉粉

（十一）唇膏和唇彩

唇膏（图 3-1-25 和图 3-1-26）和唇彩（图 3-1-27 和图 3-1-28）是用来修饰唇部的

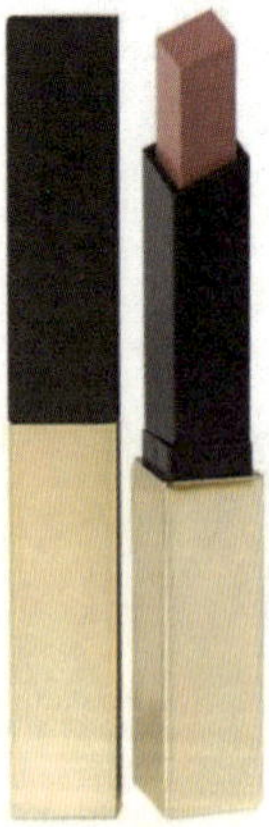

图 3-1-25　唇膏　　　图 3-1-26　唇膏　　　图 3-1-27　唇彩（1） 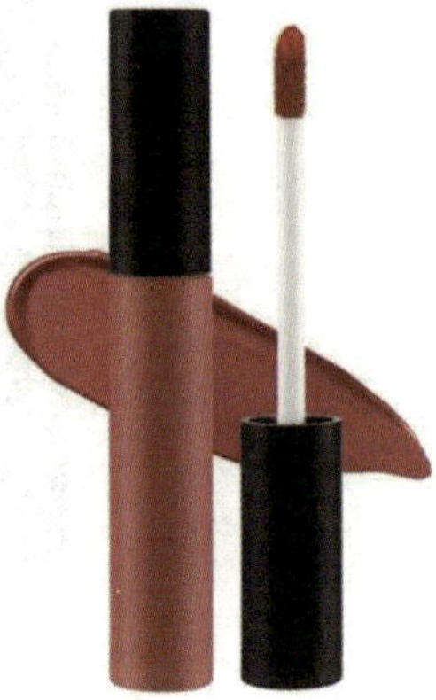　　图 3-1-28　唇彩（2）
（方管）　　　　　　　（圆管）

彩妆化妆品。唇膏是以油、脂、蜡、色素等为主要成分配置而成的膏状化妆品，俗称口红，其色彩饱和度高，颜色遮盖力强，常用它修饰唇色；唇彩是使唇部看起来滋润明亮的液状化妆品，直接涂抹于嘴唇上或口红之上，涂抹后可增加唇部的饱满度，让嘴唇更有光泽、绚彩夺目。

（十二）唇线笔

唇线笔（图 3-1-29）也称为唇笔，主要作用是勾画唇部的轮廓，显示出唇形，增强立体感并形成反差效果。唇线笔具有一定的硬度，涂于唇的周围，以形成清晰的线条。

图 3-1-29　唇线笔

任务二
认识化妆刷

知识目标

➤ 掌握各种化妆刷的使用方法。

能力目标

➤ 能正确使用各类化妆刷。
➤ 能根据需求正确选择化妆刷。

化妆品是化妆的重要物质基础，化妆工具则是化妆时的重要辅助手段。要利用合适的化妆品画出神采飞扬的完美妆面，就必须选择合适的化妆工具进行配合。这些工具的选择是否恰当，会直接影响到化妆最终呈现出来的效果，因此要具备鉴别和选择适当的化妆工具的能力，并能正确熟练地使用。

一、粉底刷

粉底刷（图 3-2-1 和图 3-2-2）刷头较大而扁平，能较大面积刷涂粉底液和遮瑕膏，令底妆效果均匀自然。如果需要修饰细小部位，可以用刷子的毛峰处理。粉底刷尤其适合质地厚实的膏状彩妆。

图 3-2-1　粉底刷（1）　　　　　　　　图 3-2-2　粉底刷（2）

二、散粉刷

　　散粉刷用于定妆，是化妆刷中最大的一种毛刷，质地柔软，不刺激皮肤。散粉刷按质地可分为动物毛和人造毛，用散粉刷蘸取散粉，刷在涂有粉底的脸上，比用粉扑更柔和，更自然。散粉刷按形状可分为圆形散粉刷（图 3-2-3）和扇形散粉刷（图 3-2-4）。圆形散粉刷蘸粉量多，上妆容易，刷毛蓬松，适合全脸使用；扇形散粉刷有较好的精确度，横着用可以打大面积散粉，倾斜着用可以打高光，竖着用可以处理好鼻翼等细节部位，也可以更好地扫去脸上多余的浮粉。

图 3-2-3　圆形散粉刷　　　　　　　　图 3-2-4　扇形散粉刷

三、侧影刷

侧影刷（图 3-2-5）用于脸部轮廓的修饰，可以选择毛刷较长且触感柔软、顶端呈椭圆形的粉刷。

图 3-2-5 侧影刷

四、腮红刷

腮红刷（图 3-2-6）也叫胭脂刷，主要用于扫腮红及轮廓色，是比散粉刷稍小的扁平刷子，使用时刷头的刷腹要着面。腮红刷的刷毛顶部呈半圆形，材质以天然材质最佳，比较好的有马毛腮红刷和羊毛腮红刷。

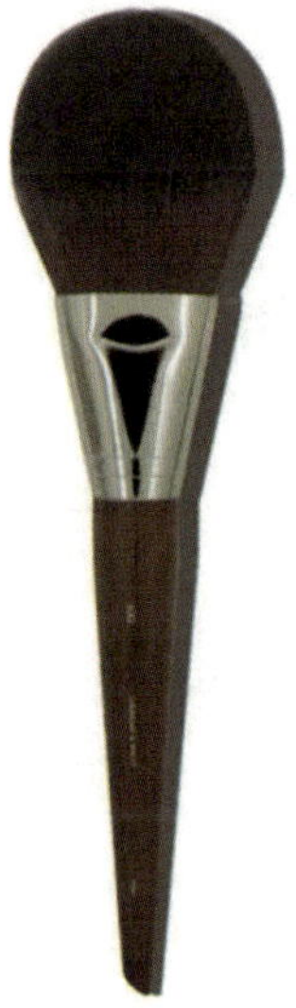

图 3-2-6 腮红刷

五、眉刷

眉刷（图 3-2-7）用来修理眉毛，包括软毛眉刷和硬毛眉刷，斜角形的眉刷可以画出精致眉形。软毛眉刷用于蘸取粉状的眉毛化妆品，硬毛眉刷则用于蘸取蜡状的修饰眉毛化妆品，使眉色清晰自然。

图 3-2-7　眉刷

六、螺旋形刷

螺旋形刷（图 3-2-8）既可以用来刷掉眉毛上多余的眉粉，又可以用来刷开睫毛上的结块物。

图 3-2-8　螺旋形刷

七、双头刷

双头刷（图 3-2-9）的刷头一侧是牙刷形的眉刷，眉刷多由高级合成纤维组成，刷毛软硬度适中，可以将眉毛打理成型，避免眉毛散乱，适合自然眉形；另一侧是睫毛梳，用来梳理杂乱的睫毛，令睫毛自然生动。

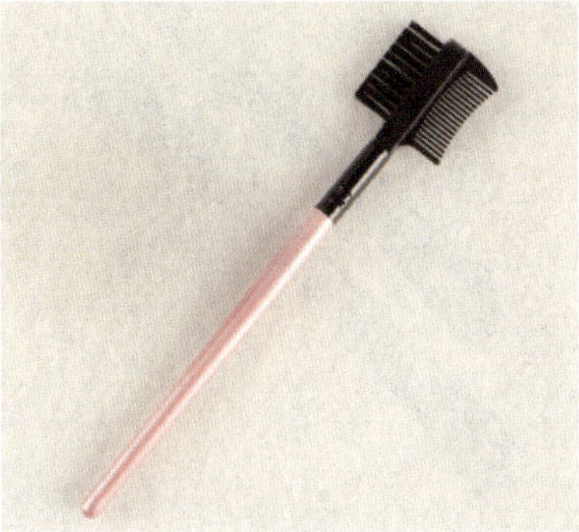

图 3-2-9 双头刷

八、眼影刷

眼影刷用于刷眼影，直接决定眼影的上妆效果，形状为扁圆形，按刷头大小可分为大（图 3-2-10）、中（图 3-2-11）、小（图 3-2-12）三种型号。不同质地及大小的眼影刷各有功效。大号眼影刷主要用于较大面积扫眼影粉，中号眼影刷可以较细致地修饰眼部，小号眼影刷则用于修饰眼部轮廓，勾勒明显的线条，帮助完成更精细的妆容，或者在眼睛某个细节部位（如睫毛根部和下眼睑）加强描画。

图 3-2-10 大号眼影刷 　　图 3-2-11 中号眼影刷 　　图 3-2-12 小号眼影刷

九、眼线刷

眼线刷（图 3-2-13）的刷头细薄扁平，可以画出精确的眼线，主要用于眼线胶的使用。

61

图 3-2-13　眼线刷

十、唇刷

唇刷（图 3-2-14）用于精确勾勒唇形，使双唇色彩饱满、均匀，适用于整个嘴唇和唇峰的线条勾勒。

图 3-2-14　唇刷

任务三
认识其他化妆工具

知识目标

➢ 掌握其他化妆工具的使用方法。

能力目标

➢ 能正确使用各类其他化妆工具。
➢ 能根据需求正确选择其他化妆工具。

除了上述介绍的化妆品和化妆刷，我们在化妆时，还需要用到其他一些化妆工具，具体包括以下这些。

一、化妆海绵

化妆海绵（图3-3-1和图3-3-2）是化底妆时非常有用的化妆工具，其质地细密，富有弹性，使用时可以使粉底与皮肤充分融合。化妆海绵形状多样，包括圆形、三角形、椭圆形、方形等。化妆海绵平坦的一面可用于基础底色的涂抹，尖的部位可用于粉底提亮或在脸部细小部位进行涂抹，如痘印、色斑等处的遮瑕。用化妆海绵上粉底妆较细腻服帖，持久度较好，但化妆海绵容易吸收较多粉底，造成浪费。化妆海绵使用期较短，容易老化，根据化妆的频率最好每三个月至半年更换，一旦出现松弛或孔洞不均匀，就应及时更换。平时在清洁化妆海绵时要用温和的清洁剂，清洁时动作要轻柔，清洁后在阴凉处晾干。

图3-3-1 化妆海绵（三角形） 　　　图3-3-2 化妆海绵（方形）

二、粉扑

粉扑（图3-3-3）是用于定妆、扑散粉的工具。化纤质地的粉扑容易起球，而且扑粉时不均匀，应该选择纯棉质地的粉扑。使用时，蘸取适量散粉，在粉扑上揉搓均匀，轻轻按压在面部。

三、修眉刀

修眉刀用于修理眉形及脸部的多余毛发。常见的有单面刀片（图3-3-4）、电动修

图3-3-3 粉扑

眉刀（图 3-3-5）和带保护层的长柄修眉刀（图 3-3-6）。

图 3-3-4　单面刀片

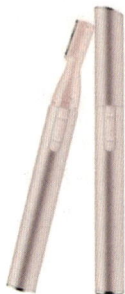

图 3-3-5　电动修眉刀

图 3-3-6　长柄修眉刀

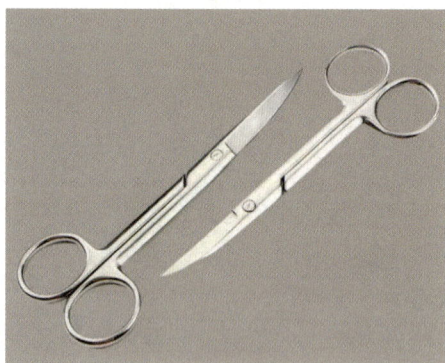

图 3-3-7　眉剪

四、眉剪

眉剪（图 3-3-7）是用于修剪过长过杂的眉毛以及假睫毛的工具，应选择全钢材质的产品。

五、镊子

镊子是一种常见的修眉工具，主要用于拔除杂乱的眉毛，常见的有圆头镊子（图 3-3-8）和平头镊子（图 3-3-9）两种。选购时，应选择全钢材质的镊子，并注意镊嘴两端的平整与吻合。

图 3-3-8　圆头镊子

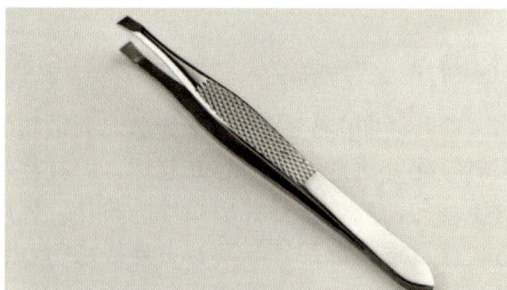

图 3-3-9　平头镊子

六、睫毛夹

睫毛夹用于夹卷睫毛，使睫毛产生向上的卷翘效果，有夹上睫毛的正常尺寸睫毛夹（图 3-3-10）和夹边缘睫毛的迷你尺寸睫毛夹（图 3-3-11）。选购时要注意选择夹头弹性良好、完全吻合的睫毛夹。另外，睫毛夹的弯曲度也很重要，眼睛较平的人应该选择弯曲度比较小的睫毛夹，眼睛较立体的人则要选择弯曲度比较大的睫毛夹，这样夹出来的睫毛才比较自然。

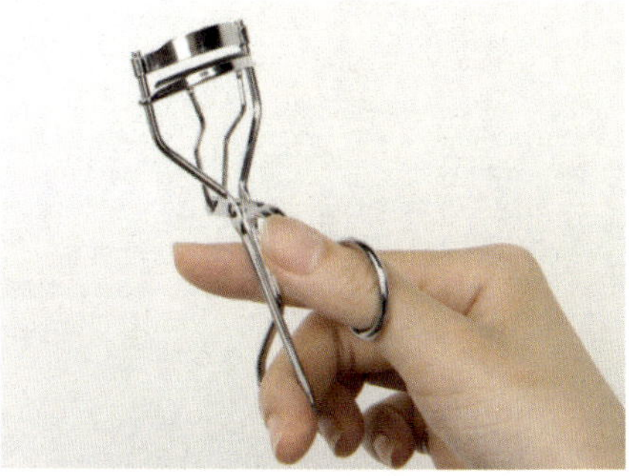

图 3-3-10　正常尺寸睫毛夹

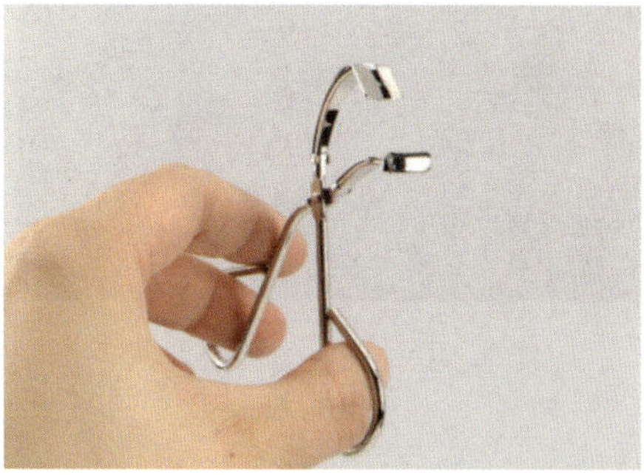

图 3-3-11　迷你尺寸睫毛夹

七、假睫毛

假睫毛可用于增强睫毛的浓度和长度，增加眼部的神采，主要有局部型（图 3-3-12）和完整型（图 3-3-13）两种，使用时需要配合专业胶水紧靠睫毛根部粘贴。

图 3-3-12　局部型假睫毛

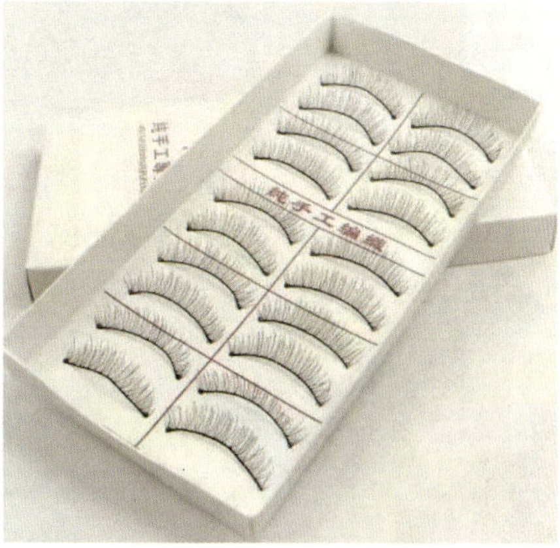

图 3-3-13　完整型假睫毛

八、美目贴

美目贴又叫双眼皮贴，是透明或半透明的黏性胶纸，有塑料（图 3-3-14）、胶布、绢纱（图 3-3-15）、纸质（图 3-3-16）等材质，是用来矫正眼形、塑造理想双眼睑的化妆工具。

图 3-3-14　塑料美目贴

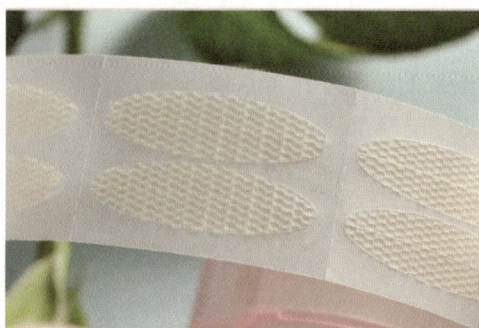

图 3-3-15　绢纱美目贴

图 3-3-16　纸质美目贴

九、尖尾梳

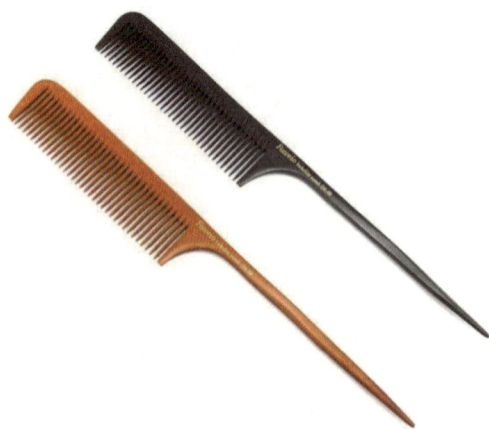

图 3-3-17　尖尾梳

尖尾梳（图 3-3-17）的使用方法有顺梳、逆梳、抹梳三种。顺梳发丝打造光泽、洁净的发面；逆梳发丝起到增加发量、方便造型的作用；抹梳是指梳齿与头皮呈 30°，通过反复梳理头发表层达到平顺光泽的效果。尖尾梳柄的使用技法有分法、转法、挑法、绕法等。

尖尾梳由两部分组成：一部分为发梳，梳身较短，齿较密；另一部分为细长的梳柄，末端为尖圆形。尖尾梳是盘发造型的重要工具之一。

十、发夹

发夹是用来固定头发的常用工具，盘发时不可或缺。在做盘发造型时常用的有一字夹（图3-3-18）和U形夹（图3-3-19）。一字夹的夹片光滑，常用来固定碎发，是造型的重要工具，一般多用于辅助造型上。U形夹常用来固定较多、较高、较厚的头发和连接一些蓬松的头发。

图 3-3-18　一字夹

图 3-3-19　U 形夹

十一、皮筋和发网

皮筋（图3-3-20）和发网（图3-3-21和图3-3-22）用于马尾及盘发造型，用来固定发束，使之不松散。

图 3-3-20　皮筋

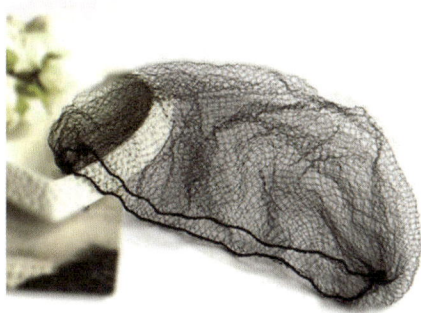

图 3-3-21　隐形发网

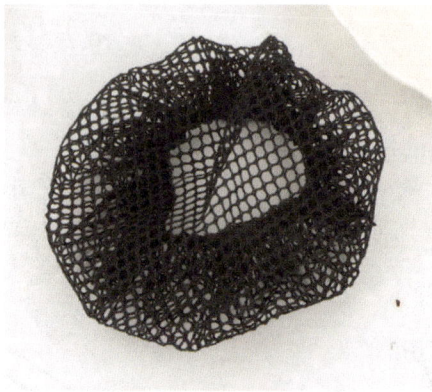

图 3-3-22　普通发网

十二、发胶和定型喷雾

发胶(图 3-3-23)和定型喷雾(图 3-3-24)用于在盘发造型完成后,对盘发造型的定型。

图 3-3-23　发胶　　　　　　　　图 3-3-24　定型喷雾

十三、其他辅助工具

(一) 化妆包和化妆箱

化妆包和化妆箱（图 3-3-25）是专门用于放置化妆品的容器。化妆品的种类多而繁杂,所以在整理和存放时,最好分门别类,这样既可以保护化妆品的整洁、干净和完好,也可以在使用时能够快速准确地找到自己想要的化妆品,提高效率。

（二）棉签

棉签（图3-3-26）主要用于在化妆时擦拭细小部位，如在画眼影、眼线或涂睫毛膏时不小心弄脏了妆面，可用棉签擦拭，效果很好。

（三）卷笔刀

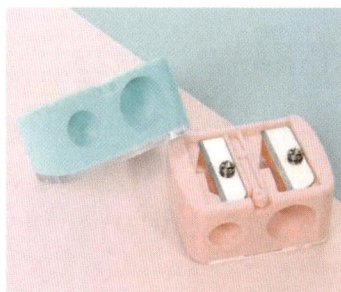

卷笔刀（图3-3-27）是削卷眉笔的工具。

图3-3-25　化妆箱　　　　　　　图3-3-26　棉签　　　　　　　图3-3-27　卷笔刀

（四）纸巾和湿巾

纸巾（图3-3-28）和湿巾（图3-3-29）用于擦手、擦笔、吸汗以及擦拭面部多余油脂和卸妆等。

（五）黏合剂

黏合剂（图3-3-30）即胶水，用于粘贴毛发、假睫毛等，需要保持包装的密封性，选购时要注意选择对皮肤和五官无刺激性的高安全性的产品。

图3-3-28　纸巾　　　　　　　图3-3-29　湿巾　　　　　　　图3-3-30　黏合剂

实训练习

根据自己的实际情况，选择一套适合自己的护肤品、化妆品及化妆工具。

巩固复习

1. 常用的化妆品有哪些？
2. 化妆刷有哪些种类？
3. 一字夹和 U 形夹的作用有什么不同？

任务拓展

试用不同材质的化妆刷，总结不同材质的化妆刷的使用感受。

知识要点
- 了解面部五官的美学比例。
- 了解面部五官修饰的用品和工具。
- 掌握粉底的使用方法。
- 掌握眉部修饰方法。
- 掌握眼部修饰方法。
- 掌握鼻、腮部修饰方法。
- 掌握唇部修饰方法。

技能目标
- 能正确使用粉底。
- 能正确进行眉部修饰。
- 能正确进行眼部修饰。
- 能正确进行鼻、腮部修饰。
- 能正确进行唇部修饰。

任务一
认识面部五官

知识目标

➤ 了解面部五官的组成。
➤ 了解面部五官各部位的生理位置和结构。
➤ 了解三庭的美学比例结构。
➤ 了解五眼的美学比例结构。

能力目标

➤ 能掌握面部五官之间的关系。
➤ 能根据三庭五眼的美学比例结构进行描画修饰。

一、面部五官

与化妆有关的面部五官主要包括眉毛、眼睛、鼻子、唇部四个部位。

（一）眉毛

1. 眉毛的生理位置

眉毛处于眼睛的上方。眉肌与眼轮匝肌相邻，眉部毛发依附于眉肌表面。眉肌属于表情肌的一部分，常随着人的心理感受及面部表情的变化而产生变化，眉毛也因此显现出各种形态，传达人的心情和精神状态。如"眉目传情""喜上眉梢""眉飞色舞"等都是形容眉毛对人物面部表情的传达。眉毛亦传递着人物的心情。例如，心情开朗乐观的人眉头舒展，自信的人眉峰高耸，温柔委婉的人眉峰圆润，忧愁的人眉毛平直倒挂、眉头较高。又如，李白诗云"美人卷珠帘，深坐颦蛾眉"，叙述怨情；周邦彦词云"眉共春山争秀"，描摹秀气。各式各样的眉毛呈现的是人物的性格及气质，如林黛玉是两弯似蹙非蹙罥烟眉，王熙凤则是两弯柳叶吊梢眉。如果能根据自身条件及职业特点画出适合自己的眉形，不仅可以美化五官，也可以给妆容增添一丝职业的靓丽风景。

2. 眉毛的比例结构

依据美学比例，遵循三庭五眼法则来分析，在面部横向比例中，双眉之间隔着一只眼睛大小的距离，眉毛与眼部亦应保持一只眼睛大小的距离。

根据医学生理位置来分析，眉毛由眉头、眉峰、眉尾三部分组成，正式修饰时亦可把眉毛分成眉头、眉腰、眉峰、眉尾四个部分（图4-1-1）。

图 4-1-1　眉毛结构

一般理想的眉毛是眉头最粗，向眉尾方向逐渐收细。在眉头与眉峰的中间毛发最为茂密，称为眉腰，它的定位高低和走向决定了眉毛的高低和弧度变化。对大多数人而言，眉腰处颜色最深，形成两头浅、中间深的自然修饰法则。

（二）眼睛

眼睛由瞳孔、上下睫毛线（上下睑缘）、睑颊沟、内外眼角、上下眼睑组成，如图4-1-2所示。

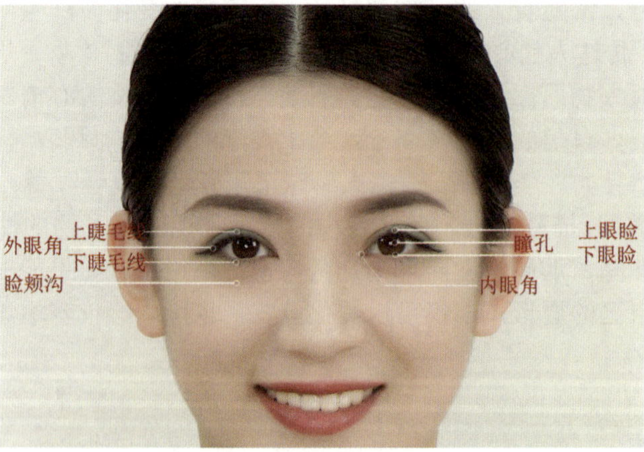

图 4-1-2　眼部结构

人的眼睛是面部最吸引人的五官之一，它不但居于五官之首，更拥有"心灵窗户"的美称。眼睛在人的整体形象中占有重要的位置。

眼睛由眼球和辅助组织构成。眼球是视觉器官的主要部分，位于眼眶内的脂肪组织中。由于脂肪组织的发达程度不同，眼球常陷入眼眶内，或是稍微向前凸出呈饱满状。

眼睛的外圈是眼睑，又叫眼皮，分为上眼睑和下眼睑。上眼睑以眉毛为界，下眼睑的下沿与颜面皮肤相连，上下眼睑的裂隙称为眼裂，两睑相连接处，分别称为内眦（内眼角）及外眦（外眼角）。内眦处有肉状隆起，称为泪阜。上下眼睑的边缘各有一排睫毛，上睫毛向外翘起，长而密集，下睫毛短而相对稀疏，可以阻挡灰尘异物等进入眼睛内。上眼睑有一道褶皱线，称为双眼皮褶皱线，一般越靠近内眼角越窄，甚至与内眼角重合（图4-1-2）。

根据上眼睑是否有双眼皮褶皱线，眼睛可分为单眼皮（图4-1-3）和双眼皮（图4-1-4）。单眼皮是指上眼睑处没有双眼皮褶皱线的眼睛，或褶皱线太窄，导致眼睛睁开时是单眼皮；双眼皮是指双眼皮褶皱线明显的眼睛，又包括内双眼皮和外双眼皮。

图 4-1-3　单眼皮　　　　　　　　　　图 4-1-4　双眼皮

眼睛根据其形状可分为圆眼（图4-1-5）、长眼（图4-1-6）、吊眼（图4-1-7）等。圆眼指的是上眼裂呈明显的圆弧形，眼裂宽，显得眼睛很圆；长眼指的是眼裂呈半月状，弧度小，眼裂长而窄，眼睛显得细长；吊眼指的是眼睛向上斜，特点为外眼角上扬度过高，高于内眼角，呈上挑状。

图 4-1-5　圆眼　　　　　图 4-1-6　长眼　　　　　图 4-1-7　吊眼

（三）鼻子

1. 鼻子的生理构造与形态

鼻子是脸上最凸显的部位，自古就有"颜面之王"的美称。鼻子由眉间、鼻根、鼻梁、鼻侧、鼻翼、鼻头（鼻尖）、鼻孔、鼻底等组成（图4-1-8），它不仅对面部美学价值具有特殊重要意义，而且对人的整体形态、面容都有很大的影响。

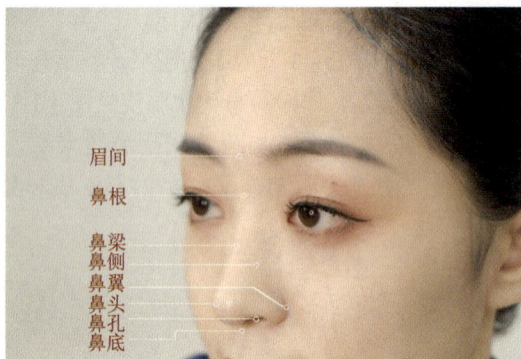

图 4-1-8　鼻部结构

（1）眉间

眉间是鼻子的上部延伸，是两眉头中间、两眼窝中间和鼻子上方的倒三角区。

（2）鼻根

鼻根是鼻上端的起始部位，是整个鼻部最窄的部位，与眼部的转折关系和对比关系较为明显，但不必过于强调，以防削弱眼睛的表现。

（3）鼻梁

鼻梁是鼻根向下逐渐呈长的梯形隆起部分，要注意中间与两侧三个面的形状和结构变化及与其相邻部分的衔接，有直线、凹曲线和凸曲线之分。

（4）鼻侧

鼻侧位于鼻子两侧，上连眉头，下连鼻翼，中间是鼻根、鼻梁，两边接脸颊。

（5）鼻翼

鼻翼在鼻尖左右两侧，略成圆弧形，有大小、宽窄、圆扁之分。

（6）鼻头

鼻头也叫鼻尖，在鼻梁的下端，有大小、宽窄、圆尖之分。

（7）鼻孔

鼻孔是鼻翼下面水平部分通向鼻腔的圆孔，有大小、俯仰之别。

（8）鼻底

鼻底在鼻子的最底部，是鼻子的终结处，与人中连接。

2. 鼻子的形态

鼻子的外形因为人种、性别、脸型、年龄的不同而有所不同，扁平的脸型多为低鼻梁，而高且挺直的鼻子会让眼睛有凹陷的感觉，增强了脸部的立体感，因此鼻子的高低对脸部的立体精致度有着非常重要的作用。常见鼻子的形态有以下几种。

（1）理想鼻型

鼻梁挺拔，鼻头略圆润，鼻翼大小适度，从两侧向上延伸到两内眼角处（图4-1-9）。

（2）塌鼻梁型

鼻梁较低、矮、平，鼻头特征明显，略微翘起（图4-1-10）。

图 4-1-9　理想鼻型

图 4-1-10　塌鼻梁型

（3）鹰钩鼻型

鼻梁凸起，坚挺有力，起伏明显（图4-1-11）。

（4）朝天鼻型

鼻头翘起，鼻梁稍凹，鼻孔外露（图4-1-12）。

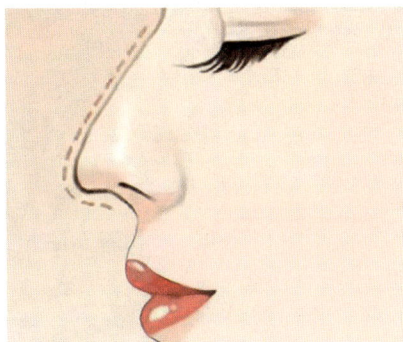

图 4-1-11　鹰钩鼻型

图 4-1-12　朝天鼻型

（5）蒜头鼻型

鼻根低，鼻梁上端窄，鼻尖与鼻翼圆大，也叫蒜头鼻（图4-1-13）。

（6）长鼻型

在脸部中庭位置鼻子偏长，鼻梁偏瘦（图4-1-14）。

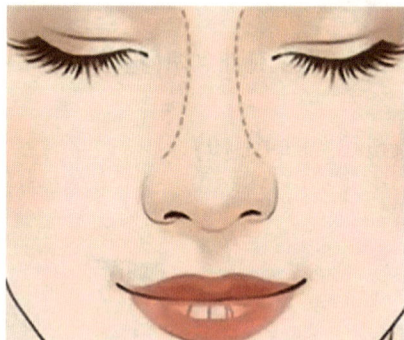

图4-1-13　蒜头鼻型

图4-1-14　长鼻型

（7）短鼻型

在脸部中庭位置鼻子偏短，鼻梁偏宽（图4-1-15）。

图4-1-15　短鼻型

（四）唇部

唇妆色彩艳丽，具有一定的风格化，在整个妆面中也占据不可忽略的重要地位。唇形与唇色都很大程度影响着妆面的层次与格调。

1. 唇部的形态结构

根据生理形态结构，唇部位于面部的下 1/3 处，唇的上界为人中，下界为颏唇沟，两侧以"八"字形唇面沟为界与颊部相邻。唇部分为上唇和下唇两部分，两唇之间的横行裂称为唇谷，双唇两端叫作唇角。上下唇及唇谷周围的面部组织是面部活动范围最大的两个瓣状软组织结构（图4-1-16）。

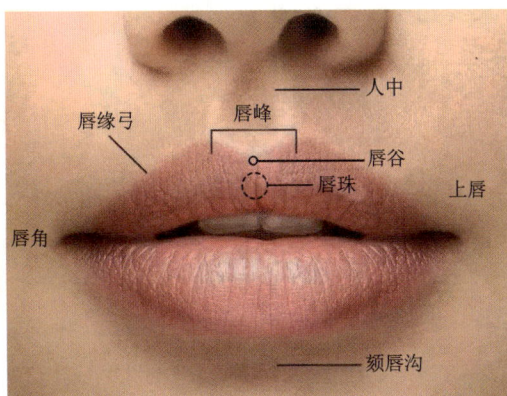

图4-1-16　唇部结构

上唇与下唇均呈"W"形，由以下几个部分构成。嘴唇与脸部皮肤连接处的边界叫作唇红缘；上唇的唇红缘呈弓背状，叫作唇缘弓，唇缘弓影响着整体唇形的风格变化；人中两侧的唇缘弓最高点为唇峰；唇缘弓中央凸起处称作唇珠，拥有明显唇珠的人，上唇的形状会变得像一把完美的弓。下唇较上唇稍厚，凸度较上唇稍小，高度比上唇略短，与上唇对应协调。下唇与颏部的交界处形成一沟，名为颏唇沟，此沟存在与否及其深浅对容貌美有着直接影响。

2. 唇的比例结构

唇部不仅是语言、吞咽、咀嚼等功能性器官，还具有表达情感的形象功能，是面部重要形象器官之一。唇的宽度一般不超过两眼球平视前方时黑眼球的水平距离，标准唇的宽度为脸部内轮廓的1/2，唇部纵向以两个唇峰为分界线到唇角的比例为1∶1∶1（图4-1-17），这正是颇受美学推崇的"黄金比列"；下唇是上唇厚度的1.5倍，唇峰和唇谷的连线与唇谷水平线夹角约为10°（图4-1-18），比例适宜。

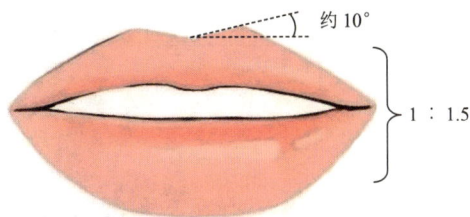

图4-1-17　唇部比例（1）

图4-1-18　唇部比例（2）

3. 唇形的分类

常见的唇形如图 4-1-19 所示。每种唇形都需要通过不同的修饰手法来塑造，以适合脸型及妆面。

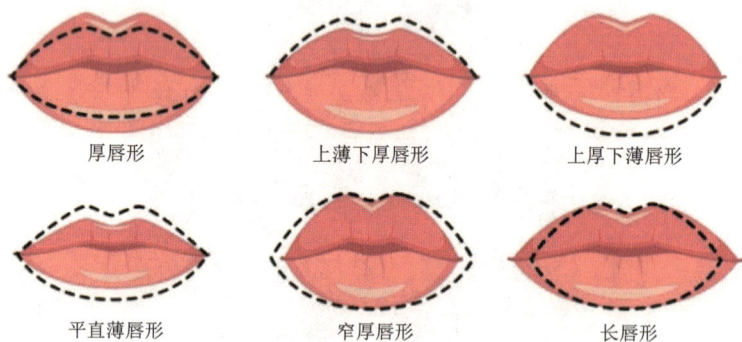

厚唇形　　　　　　　上薄下厚唇形　　　　　　　上厚下薄唇形

平直薄唇形　　　　　　　窄厚唇形　　　　　　　长唇形

图 4-1-19　唇部形状

二、面部美学比例

每个人的五官位置和面部特征都各不相同，差异很大。当前，国际上通用的面部黄金分割法就是以 1 ： 0.618 的黄金分割来表示面部的最佳比例关系，也就是为人所熟知的三庭五眼（图 4-1-20）。三庭五眼是对完美脸型的最精准概括，对于面容化妆有非常重要的参考价值。只有对自己的面部形象有了正确的判断，并了解优势和劣势所在，才能更好地通过化妆手段，将自己塑造得更加符合大众审美。

图 4-1-20　三庭五眼

1. 三庭

三庭指的是脸的长度比例，是将面部纵向分为三个部分：上庭、中庭、下庭。上庭是从前额发际线到眉骨，中庭是从眉骨到鼻底线，下庭是从鼻底线到颌底线，这三部分各占脸部长度的 1/3。如果三庭比例有所失调，就需要通过化妆技巧来修饰。但是三庭的长度也不是绝对均等的，其中处于中间的鼻子长度最长，额头和下颌略短，以视觉效果均衡为最佳。

2. 五眼

五眼指的是脸的宽度比例。以自己的一只眼睛的宽度作为标准，从左侧发际线到右侧发际线把面部宽分为五个等分，两眼之间应该有一只眼睛大小的距离，两眼外侧至侧发际线各有一只眼睛大小的距离。

3. 三庭五眼的比例

从三庭五眼的比例标准可以看出，三庭决定脸的长度，五眼决定脸的宽度，面部的这个比例结构是化妆修饰的基本依据。在化妆中，五眼的比例可以调整，外眼角和两侧发际线的距离会随之调整，但两眼之间必须保持一只眼睛大小的距离，不可过于靠近或过于远离。

化妆时，要尽量遵循三庭五眼的比例，但是也要在一定的规律范围内适当变化。三庭五眼的比例是相对的，完全符合三庭五眼未必等于美。脸型的长短宽窄、五官的局促或舒展，有时候与三庭五眼的比例关系不大，其最佳比例是建立在脸型符合黄金分割比例的基础之上，面部左右对称，鼻子挺直、与眼轴线垂直，头顶、人中、下颌在一条垂直线上，眼部横向符合五眼、纵向上与眉毛之间有一个黑眼珠大小的距离，额头与鼻子的衔接顺畅，鼻子到下巴的曲线起伏、美丽、柔和，下巴侧面、前后位置适中。

实训练习

1. 实训内容

对照表 4-1-1 的内容，完成对自己面部五官的分析。

表 4-1-1　个人五官分析实训操作单

空中乘务专业化妆技能实训操作单			
操作内容	个人五官分析		
操作地点	化妆教室	操作时间	20min

具体内容
1. 个人五官分析
1）眉毛分析：对照镜子，找出自己的眉头、眉腰、眉峰和眉尾。
2）眼睛分析：对照镜子，找出自己的瞳孔、上下睫毛线（上下睑缘）、睑颊沟、内外眼角、上下眼睑。
3）鼻子分析：对照镜子，找出自己的眉间、鼻根、鼻梁、鼻侧、鼻翼、鼻头（鼻尖）、鼻孔、鼻底。
4）唇部分析：对照镜子，找出自己的上下唇、唇峰、唇缘弓、唇角
2. 面部比例分析
1）找出自己的三庭比例；
2）找出自己的五眼比例

2. 评分标准

个人五官分析评分标准如表 4-1-2 所示。

表 4-1-2　个人五官分析评分标准

序号	修饰内容	考核要求	评分标准	分值
1	眉毛分析	正确找出自己的眉头、眉腰、眉峰和眉尾	1）没有正确找到眉头位置，扣5分； 2）没有正确找到眉腰位置，扣5分； 3）没有正确找到眉峰位置，扣5分； 4）没有正确找到眉尾位置，扣5分	20
2	眼睛分析	正确找出自己的瞳孔、上下睫毛线（上下睑缘）、睑颊沟、内外眼角、上下眼睑	1）没有正确找到上下睫毛线位置，扣5分； 2）没有正确找到睑颊沟位置，扣5分； 3）没有正确找到内外眼角位置，扣5分； 4）没有正确找到上下眼睑位置，扣5分	20
3	鼻子分析	正确找出自己的眉间、鼻根、鼻梁、鼻侧、鼻翼、鼻头（鼻尖）、鼻孔、鼻底	1）没有正确找到眉间及鼻根位置，扣5分； 2）没有正确找到鼻梁及鼻侧位置，最多扣5分； 3）没有正确找到鼻头及鼻翼位置，最多扣5分； 4）没有正确找到鼻孔及鼻底位置，最多扣5分	20
4	唇部分析	正确找出自己的上下唇、唇峰、唇缘弓、唇角	1）没有正确找到上下唇的唇峰位置，扣10分； 2）没有正确找到唇缘弓位置，扣5分； 3）没有正确找到唇角位置，扣5分	20
5	三庭五眼分析	正确找出自己三庭和五眼的比例	1）没有正确找出三庭比例，扣10分； 2）没有正确找出五眼比例，扣10分	20

3. 实训评价

将实训评价结果填入表 4-1-3 中。

表 4-1-3　实训评价表

修饰内容	分值	学生自评	教师评分	得分	扣分备注
眉毛分析	20				
眼睛分析	20				
鼻子分析	20				
唇部分析	20				
三庭五眼分析	20				
合计得分	100				

巩固复习

根据自己的实际情况，判断自己的面部比例是否符合三庭五眼的标准。

任务拓展

分析自己的五官特点，为后续的妆容打造做好基础。

任务二
粉底修饰

知识目标

➤ 熟悉粉底的特点和作用。
➤ 熟悉粉底的类别和用途。
➤ 掌握粉底的选色原则。
➤ 掌握底妆对脸型的修饰作用。
➤ 掌握定妆粉的作用和使用方法。

能力目标

➤ 能根据肤质和肤色选择合适的粉底产品。
➤ 能正确进行粉底修饰，突出个人气质，扬长避短。
➤ 能正确进行定妆。

一、粉底的特点和作用

粉底的主要成分有油、水、粉料、着色剂等。它能在皮肤表面形成平滑的覆盖层，用来遮盖或掩饰一些面部瑕疵，如雀斑、粉刺、疤痕、痘印等。粉底对皮肤起修饰作用，对化妆的整体效果起到决定性的作用。

粉底的主要作用分为保护皮肤、均匀肤色、提升皮肤质感和遮盖瑕疵四个方面。

1. 保护皮肤

目前市场上，添加了保湿功能或防晒功能的粉底产品特别畅销。这些粉底产品同护肤品一样，不仅可以滋润皮肤，还可以形成保护膜，防御辐射、日光照射等外在情况对皮肤的伤害。

2. 均匀肤色

均匀肤色是粉底最主要的作用。随着年龄的增加，肤色会变得不均匀，皮肤表面各部分的色调变得不一致。粉底具备一定的遮瑕力，能统一面部颜色，起到均匀肤色的作用。

3. 提升皮肤质感

皮肤质感的表现是妆容修饰的重点。简单来说，合适的粉底能让皮肤看起来更加细腻，使毛孔隐形、细纹不明显。随着产品技术的不断升级，粉底材质也有了更多的选择。例如，亚光质地的粉底能使底妆有粉质感的效果，适合打造古典美的气质；珠光质地的粉底带有亮泽、自然的珠光效果，适合打造时尚美的气质。

4. 遮盖瑕疵

除了肤色不均以外，皮肤常见问题还有色素沉淀、痣、雀斑等瑕疵。遮瑕产品能对这些部位进行遮盖，使肤色看起来更和谐自然、健康。

二、粉底的类别和用途

市场上的粉底产品琳琅满目，应该如何选择适合自己的粉底产品呢？粉底是按照肤质制造的，只有选择适合自己肤质的粉底，才既不会伤害皮肤，又能达到美妆的效果。

一般而言，粉底产品按照质地由湿到干可以分为粉底液、粉底乳、粉霜、粉膏、粉条、粉饼、粉状粉底等七大类，如表4-2-1所示。

表 4-2-1　粉底的分类

质地	粉底产品名称	主要特点	适合人群	产品示意图
湿 ↑↓ 干	粉底液	水性基底：由水和粉体组成，一般不含油。遮瑕力低，对皮肤平滑和毛孔修饰几乎没有帮助，但持久力和控油力好，不容易脱妆。不仅可用于脸，也可用于身体	适合全肤质，特别是皮肤没有太多明显瑕疵，追求自然质感、细腻透薄的人。皮肤瑕疵多的人需注重后续遮瑕	
		含硅基底：大部分的粉底液添加了硅成分，硅成分亦常见于洗发水中，含硅基底能达到平滑肌肤的效果。粉底液分为滋润型和清爽型两种。滋润型粉底液含有较多护肤成分，但遮瑕力和持妆力普通。清爽型粉底液基本无油，遮瑕力和持妆力好	滋润型适合偏干性皮肤，清爽型适合偏油性皮肤	
	粉底乳	又叫润色乳，是带有颜色的乳液，含有粉体成分，能均匀肤色。同时大部分粉底乳带有防晒功能，多效合一	适合想快速上妆，对遮瑕力要求不高、追求自然妆感的人	
	粉霜	质地霜状，流动感不强，滋润度和遮瑕力较好。大多数能打造奶油感的皮肤或带光泽的皮肤，更注重调整皮肤质感。薄涂时适合生活淡妆，厚涂时适合浓妆	适合中性偏干性皮肤的人四季使用，以及油性皮肤、混合偏油性皮肤的人秋冬使用	
	粉膏	基本没有流动性，粉体多，接近遮瑕膏，质地偏干，但遮瑕力强	适合瑕疵多，偏油性皮肤和混合性皮肤的人	
	粉条	质地类似遮瑕的条状粉底，遮瑕力强。质地偏干，流动性差	适合偏油性皮肤和混合性皮肤的人，或外出携带补妆	
	粉饼	能均匀肤色，平滑毛孔，提升皮肤质感，兼顾定妆作用。一般压成饼状	适合外出携带补妆	
	粉状粉底	近几年推出的新品，一般使用矿物粉。可以直接作为粉底使用，上妆、控油、定妆，一举多得。质地更轻盈，上妆更方便。遮盖毛孔效果佳，但遮瑕力弱	适合油性皮肤及瑕疵较少者	

不难看出，选用粉底的原则就是：根据肤质选择性质相反的粉底产品，即干性皮肤选用油性粉底，油性皮肤选用粉质粉底，中性皮肤按照不同季节、不同肤质情况选择合适的粉底。

三、粉底的选色原则

在选择好适合自己肤质的粉底后，接下来需要选择粉底的颜色。千万要注意，粉底的颜色并不是越白越好。粉底的选色原则是：尽量选用和自然肤色相接近的粉底产品。但由于我们的面部容易有肤色不均的问题，真正做到和自然肤色接近并不简单。此时可以在自然光下，对照镜子比对下颌线处（脸和脖子的交界处）的皮肤是否与粉底颜色相匹配，商场里的荧光灯可能会使颜色失真。另外还需注意，有时需要混合 2～3 种颜色的粉底产品才能达到所需要的颜色。粉底选色错误容易造成"死白脸"或肤色暗沉的现象。

常用粉底产品的颜色可分为基础色、高光色和阴影色三种。

1. 基础色

基础色（图 4-2-1 ～图 4-2-3）是指与肤色接近的颜色，涂抹位置是整个面部，均匀涂抹后可表现皮肤的天然质感。

图 4-2-1　基础色（1）　　　　图 4-2-2　基础色（2）　　　　图 4-2-3　基础色（3）

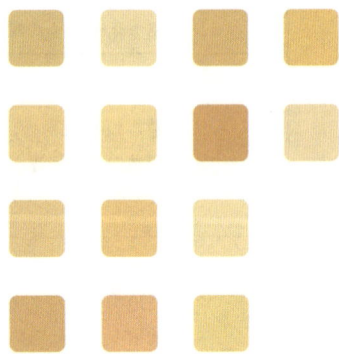

2. 高光色

高光色（图 4-2-4 ～图 4-2-6）比基础色亮、浅，有突起前进、提亮的作用，涂抹位置是面部想突出的部位，如前额、鼻梁、眉骨、下眼窝、下颌沟等处。

3. 阴影色

阴影色（图 4-2-7 ～图 4-2-9）比基础色深，有凹陷后退、收敛的作用，涂抹位置是面部想缩小或凹陷的部位，需要与基础色融合好。

图 4-2-4　高光色（1）　　　　图 4-2-5　高光色（2）　　　　图 4-2-6　高光色（3）

图 4-2-7　阴影色（1）　　　　图 4-2-8　阴影色（2）　　　　图 4-2-9　阴影色（3）

在涂抹基础色粉底之后，再涂抹高光色和阴影色的粉底，能使脸型更加完美和立体。阴影色可以使用在脸部两侧、发际线、脸廓、下颌线处，自然阴影能使脸部轮廓更加分明，也显得脸小。另外，鼻子两侧和眼窝处也可做阴影处理。高光色一般在脸部 T 区（额头、鼻梁、下巴、眉骨）使用得较多。另外，两颊颧骨上侧、眼睛下方、外眼角外侧半圆形等处也常做提亮处理。这样一来，整个脸部线条立体，凹凸有致，解决了东方人常有的面部扁平问题。

四、底妆对脸型的修饰作用

脸型指面部的轮廓，在人的整体形象中占据很重要的地位。椭圆形是公认的最理想的脸型。可以通过底妆的修饰方法，运用不同深浅和冷暖色调的底妆来修正脸型。方法有不同，目的却只有一个，就是尽量接近理想的椭圆形，并且扬长避短，突出个人气质。常见的脸型如表 4-2-2 所示。

表 4-2-2　常见脸型分类

脸型名称	脸型特征	适宜粉底修正方法	脸型示意图
椭圆形	接近鹅蛋形。脸部宽度适中，长度与宽度之比约为 4∶3，几乎完美	下颌和耳根处可使用少量阴影色，以加强轮廓	
圆形	脸型纵向较短，横向较宽，脸部宽度与长度比例接近，脸型短，下颌较圆润。给人青春可爱的感觉，但容易显得稚气	发际线和下巴处提亮，以拉长脸部；额头两侧、鬓角、脸颊两侧用阴影色，使脸部看上去变窄	
方形	脸型纵向较短，横向较宽，下颌骨骼突出明显，棱角分明，给人稳重、坚强的印象，但缺少柔美、轻盈之感	发际线和下巴处提亮；额角两侧和下颌角两侧使用阴影色。弱化脸型四个角的刚毅感	
长脸形	也称目字脸，脸型横向较窄，纵向较长，额头与脸颊的宽度基本接近，给人严肃、成熟之感	颧骨和脸颊两侧提亮，使脸部横向延伸拉宽；额头、发际线、下巴下方使用阴影色，以缩短脸型。与圆形正好相反	

续表

脸型名称	脸型特征	适宜粉底修正方法	脸型示意图
菱形	也称申字脸，额头、下颌较窄，横向较宽，纵向较长，颧骨凸出，面部较有立体感，容易给人留下不温和、不易接近的感觉	额头两侧、鬓角线、脸颊两侧、下巴两侧提亮；颧骨两侧使用阴影色。使脸部拉宽，削弱颧骨	
正三角形	也称由字脸，额头较窄，纵向较短，横向较宽，下颌较宽大圆润，整体脸型接近正三角形。给人安定之感，但易显迟钝，容易脸部下垂	额头两侧、鬓角线提亮，脸颊两侧使用阴影色，晕染到下巴底部。使脸部下半部分变窄，上半部分增宽	
倒三角形	也称甲字脸，与正三角形刚好相反，额头较宽，纵向较长，下颌较尖，给人俏丽聪慧的印象，但也显得单薄柔弱	脸颊两侧、下巴两侧提亮，额头两侧、鬓角线部位使用阴影色。使脸部上半部分变窄，下半部分增宽，与正三角形相反	

五、粉底修饰的方法

不同质地、不同特性的粉底的使用方法不尽相同，但整体看来，主要有以下几种。

1. 点拍法

用指腹在肌肤上轻轻按压或拍打。使用此法拍上的粉底与皮肤粘连更强，利于彩妆着附，但容易显得妆感厚重。此法主要适用于遮盖各种色斑及疤痕印。

2. 散拍法

使用微湿的化妆海绵或中指和无名指的指腹大面积地边移边拍打。使用此法涂抹粉底又快又匀，吸附力也强，能增强妆容立体感。此法适用于大面积基础色粉底的上妆。

3. 抹擦法

用并拢的中指和无名指的指腹向同一个方向抹擦、推匀。此法的抹擦方向很重要，一般是从脸中央向外侧呈放射状抹擦，切忌以打圆圈的方式进行，否则容易留下深浅不一的痕迹。缺点是容易脱落，牢固度差。此法适用于面部轮廓的塑造或者去除过重粉底。

粉底的厚薄应适宜，太厚易阻塞毛孔，给人虚假感；太薄吸附力减弱，遮瑕效果不好。通常可在涂抹完后用手指在上面按压一下，看手感是否很光滑，若能留下指纹，则说明粉底不服帖且过厚。

【注意事项】

粉底与肤色要协调，避免粉底色与肤色的明显差异。

深浅粉底过渡要自然，避免界限过于明显。

脖子、耳朵等部位也要用粉底涂抹。

对于皮肤瑕疵的修饰，如色斑、黑眼圈等，在基础色粉底涂抹完毕后，使用遮瑕膏遮盖，将边缘晕开，与周围皮肤融合后再进行定妆。

六、定妆粉的作用和使用方法

定妆粉也称蜜粉或者散粉，起到柔和妆面和固定基础底色的作用。定妆粉能保证妆面持久干净。选择定妆粉时，注意与基础底色的粉底为同一色系。

定妆粉可以用粉扑或者大号粉刷上妆，先将粉扑均匀沾上散粉，轻轻按压全脸，顺序为外轮廓、上额、下颌和内轮廓。然后用大号粉刷扫去多余散粉，使妆容自然服帖。

七、粉底修饰的产品和工具准备

粉底修饰时需要如下产品和工具（图4-2-10）。

1）粉底产品：隔离霜、妆前乳、粉底液、遮瑕膏、阴影粉、阴影笔、明彩笔、亚光高光粉、珠光高光粉、蜜粉。

2）化妆工具：斜形海绵或美妆蛋、粉扑、各类化妆刷。

图 4-2-10　粉底修饰产品和工具

八、粉底修饰的造型步骤

在进行粉底修饰前,先确保护肤三部曲(清洁、爽肤、润肤)已经完成。

粉底修饰

1. 妆前准备

隔离霜具有防晒、隔离彩妆、脏空气及调整肤色的作用。

妆前乳具有保湿、控油等功效。通常根据肤质和想要呈现的底妆效果来选择不同的妆前乳。

使用隔离霜和妆前乳涂抹全脸(图 4-2-11),用量为黄豆大小,用指尖均匀涂抹于面部,以由内向外打圈的方式轻轻推开;带过发际线、上眼睑、唇部周围、下颚。

2. 上粉底

根据肤质选择 BB 霜、气垫、粉底液、粉霜、粉条等各种粉底产品。一般粉底的颜色应该接近自然肤色。

此处以粉底液为例,取适量粉底液,挤于斜形海绵之上。以按压的方式,顺着肌肤由外向内方向打底,使粉底更均匀服帖(图 4-2-12)。然后向额头、下颚带过。眼部周围和 T 区的粉底不用过多,略微薄涂即可。海绵边缘的部分可以用来按压鼻翼两侧和细小部位。也可轻轻按压唇部周围,为之后的唇妆奠定基础。

图 4-2-11 妆前准备

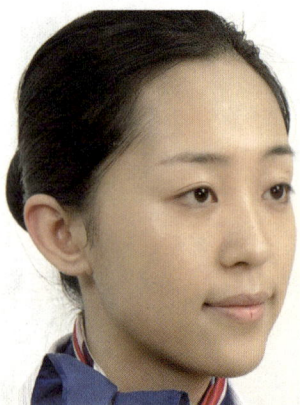

图 4-2-12 上粉底效果

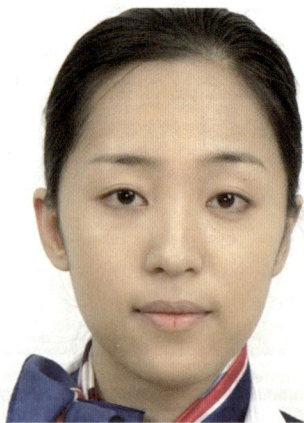

图 4-2-13 使用遮瑕效果

3. 使用遮瑕

遮瑕产品通常膏状较多，质地更干，流动性更弱。一般建议在粉底之后使用，主要用来遮盖需遮瑕的部位，如痘痘、黑眼圈、泪沟等。

此处以遮瑕膏为例，用遮瑕刷蘸取适量遮瑕膏，遮盖瑕疵，将边缘晕开（图 4-2-13）。遵循少量多次的规则，与周围肌肤完美融合。

4. 使用阴影产品

阴影用于修饰脸部两侧、发际线、脸廓、下颌线、鼻子两侧和眼窝处。此处以阴影粉和阴影笔两种产品为例。用刷子蘸取适量阴影粉，涂在脸的两侧，从耳朵中央一直到下巴、额头的两侧区域、太阳穴旁。用刷子从发际线、脸的边缘处由外向内慢慢晕染侧影；用阴影笔（膏状阴影）涂鼻梁的两侧，用手指晕开（图 4-2-14）。

图 4-2-14 使用阴影产品效果

5. 打高光

高光用于修饰脸部 T 区（额头、鼻梁、下颌、眉骨）。此处以明彩笔和高光粉两种产品为例。明彩笔可以用于提亮眼下三角区，这个区域提亮能解决东方人面部扁平的问题；亚光高光粉用于提亮额头中央的椭圆形区域、鼻梁中央、下巴、眉骨；珠光高光粉用于提亮颧骨后侧，眼下三角区外延长线的一点（图 4-2-15）。

图 4-2-15　打高光效果

6. 定妆

定妆一般使用蜜粉、两用粉饼等，起到柔和妆面和固定底妆的作用。用蜜粉刷蘸取蜜粉，以由下往上、由外向内的方式上妆，轻轻扫于脸部。不要忽略发际线、下颚、唇部。眼部周围定妆粉不宜过多，剩下的粉带过耳朵、脖子，扫去多余的粉。

至此，粉底修饰完成（图 4-2-16）。

图 4-2-16　粉底修饰完成效果

实训练习

1. 实训内容

对照表 4-2-3 的内容，独立完成一个完整的粉底修饰设计。

表 4-2-3　粉底修饰实训操作单

空中乘务专业化妆技能实训操作单			
操作内容	粉底修饰		
操作地点	化妆教室	操作时间	20min
具体内容			

1. 化妆准备

化妆品：隔离霜、妆前乳、粉底液、遮瑕膏、阴影粉、阴影笔、明彩笔、亚光高光粉、珠光高光粉、蜜粉

化妆工具：斜形海绵或美妆蛋、粉扑、各类化妆刷

护肤三部曲（清洁、爽肤、润肤）已经完成

2. 妆前准备

使用隔离霜和妆前乳涂抹全脸：

1）用量为黄豆大小，用指尖均匀涂抹于面部，以由内向外打圈的方式轻轻推开；

2）带过发际线、上眼睑、唇部周围、下颚

3. 粉底

使用粉底液涂抹全脸：

1）适量挤于斜形海绵上，以按压的方式，顺着肌肤由外向内方向打底；

2）向额头、下颚带过。眼部周围和 T 区的粉底不用过多，略微带过即可；

3）海绵边缘的部分用来按压鼻翼两侧和细小部位；

4）也可轻轻按压唇部周围，为之后的唇妆奠定基础

4. 遮瑕

使用遮瑕膏遮盖需求部位（痘痘、黑眼圈、泪沟等）：

1）用遮瑕刷蘸取适量遮瑕膏遮盖瑕疵，将边缘晕开；

2）遵循少量多次的规则，与周围肌肤融合

5. 阴影和高光（修容）

1）使用阴影产品修饰脸部两侧、发际线、脸廓、下颌线、鼻子两侧和眼窝处；

2）使用高光产品修饰脸部 T 区（额头、鼻梁、下巴、眉骨）

6. 定妆

使用蜜粉对脸部整体进行定妆（由下往上、由外向内的方式轻轻扫于脸部）

2. 评分标准

粉底修饰评分标准如表 4-2-4 所示。

表 4-2-4　粉底修饰评分标准

序号	修饰内容	考核要求	评分标准	分值
1	产品合适	根据自己的肤质和肤色选择合适的底妆产品，底妆服帖自然	1）底妆产品颜色与本人肤色不协调，对比度过大，扣 10 分； 2）皮肤有起皮、浮粉等，底妆不服帖，扣 5 分； 3）涂抹粉底方法不正确，涂敷不均匀，过厚或者过薄，扣 10 分； 4）颈部与脸部有色差，扣 5 分	30

续表

序号	修饰内容	考核要求	评分标准	分值
2	完美遮瑕	脸部瑕疵遮盖良好	1）脸部有明显瑕疵未遮盖，扣10分； 2）能明显看出遮瑕产品与妆面不协调，扣10分	20
3	修饰脸型	高光色和阴影色对脸型的修饰良好，且深浅过渡自然	1）修饰脸型方法不正确，扣10分； 2）高光色和阴影色与脸型特征不符合，扣10分； 3）深浅粉底衔接明显，过渡生硬，扣10分	30
4	效果持久	定妆粉与粉底的牢固性高	1）定妆粉不服帖，不均匀，扣10分； 2）定妆粉散落在脖子、衣领、头发等处，扣10分	20

3. 实训评价

将实训评价结果填入表4-2-5中。

表4-2-5　实训评价表

修饰内容	分值	学生自评20%	学生互评30%	教师评分50%	总评100%	扣分备注
产品合适	30					
完美遮瑕	20					
修饰脸型	30					
效果持久	20					
合计得分	100					

巩固复习

1. 肤色和肤质如何分类？
2. 如何选择适合自己的粉底产品？
3. 粉底上妆的注意事项有哪些？
4. 不同脸型的底妆应如何修饰？

任务拓展

1. 判断自己属于什么肤色和肤质。
2. 寻找适合自己的粉底产品。

任务三
眉 部 修 饰

知识目标

➤ 熟悉眉毛与脸型的搭配。
➤ 掌握眉毛的修饰方法。

能力目标

➤ 能修剪眉部自然多余毛发。
➤ 能进行眉毛的描画修饰。
➤ 能进行眉毛的矫正修饰。

一、材料与工具

画眉毛时，常用的材料和工具包括眉笔、眉粉、眉刷、修眉刀、眉剪、镊子等。

二、眉毛与脸型的搭配

眉毛与脸型的常见搭配如表 4-3-1 所示。

表 4-3-1　眉毛与脸型的常见搭配

脸型	适宜眉形搭配	搭配示例
椭圆形	标准眉	
圆形	挑眉，眉峰略带棱角	

续表

脸型	适宜眉形搭配	搭配示例
方形	弧形眉	
长形	一字眉	
菱形	一字眉，眉峰略带弧形	
正三角形	弧形挑眉	
倒三角形	平直眉，眉峰略带弧形	

三、眉毛的修剪描画

（一）女士眉毛的修剪描画

在眉眼间距的修饰调整中，一般要考虑眉毛形状、粗细是否与眼睛和脸型相匹配，是否符合妆容主题和生理结构规律等。

女士眉毛修饰

1. 准备好修眉产品和工具

女士眉部修饰需要准备的修眉产品和工具如图 4-3-1 所示。

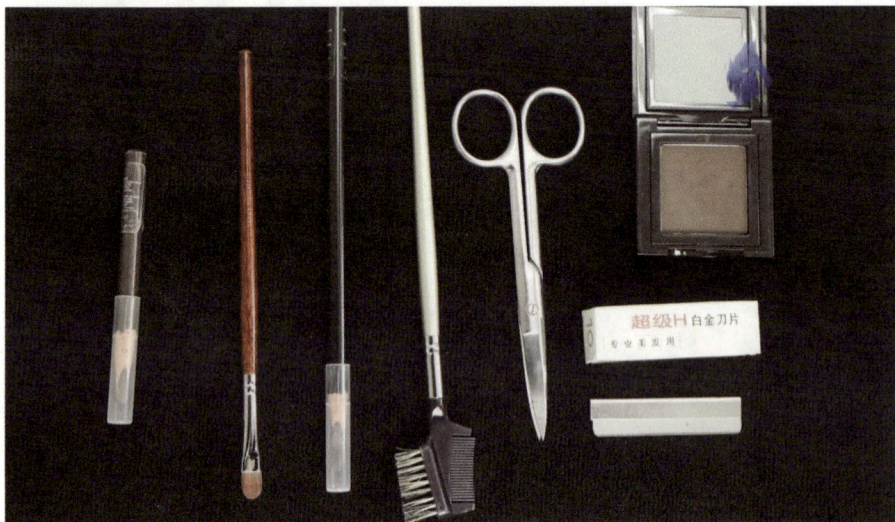

图 4-3-1　修眉产品和工具

2. 修剪眉毛的形状

依据脸型确定好眉毛的基本轮廓，手指将眉毛末端往上提，用修眉刀逆向修眉（图 4-3-2），刮去多余杂毛，用棉片擦去多余碎毛（图 4-3-3）。

图 4-3-2　刮眉

图 4-3-3　擦去碎毛

用眉梳按照眉毛生长方向梳理眉毛，用眉剪剪去过长的眉毛（图 4-3-4 和图 4-3-5），需注意左、右眉形的高低一致，确立眉毛对称度（图 4-3-6）。

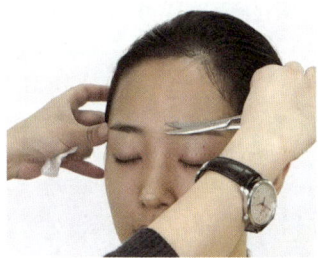

图 4-3-4 剪眉（1）　　　　图 4-3-5 剪眉（2）　　　　图 4-3-6 注意高度对称

3. 描画眉毛

等基础底妆上完后，先描画出眉毛的底部弧线，初步确定眉形。根据眉毛的走势和眉毛的浓密程度来确立眉毛的形状（图 4-3-7）。拿眉笔时手要松，走弧线来刻画眉毛。用眉刷晕染眉头，控制眉毛着色度，调整眉毛疏密及弧形柔和度（图 4-3-8）。将眉粉和眉笔的颜色进行自然融合，体现两头浅、中间深的毛发生长自然规律（图 4-3-9）。

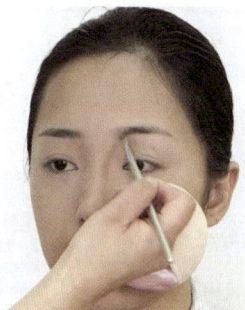

图 4-3-7 确立眉毛形状　　　图 4-3-8 调整眉毛疏密　　　图 4-3-9 着色融合

【注意事项】

描画时要细致均匀，左右对称，眉毛的颜色与肤色及头发的颜色相匹配。视觉效果上，眉毛应弱于眼睛。

淡妆眉的描画：先用羊毛刷蘸棕色或灰色眉粉塑造眉毛的底色，再用眉笔顺眉毛长势一根一根地描画，强调淡雅自然效果。

浓妆眉的描画：先用羊毛刷蘸棕色或灰色眉粉塑造眉毛的底色，再用削成鸭嘴形的黑色眉笔一根一根地描画，强调立体浓郁效果。

（二）男士眉毛的修剪描画

1. 准备好修眉工具

男士眉部修饰需要准备的修眉工具与女士相同。

2. 修剪眉毛的形状

手指向上提拉（图4-3-10），先用修眉刀逆向修眉（图4-3-11），再用眉梳梳理眉毛（图4-3-12），用剪刀修剪影响眉形的杂毛（图4-3-13），然后用棉片擦干净碎毛。

图 4-3-10　提拉眉毛　　　图 4-3-11　逆向修眉　　　图 4-3-12　梳理眉毛　　　图 4-3-13　修剪眉形

3. 描画眉毛

基础底妆上完后，先描画眉毛的底部弧线（图4-3-14），通过控制眉毛走势来确立眉毛样式（图4-3-15），最后完成整个眉毛的修饰（图4-3-16）。

图 4-3-14　描画底部弧线　　　图 4-3-15　确立眉毛样式　　　图 4-3-16　完成眉毛修饰

四、眉毛的矫正修饰

1. 倒挂眉的矫正修饰

倒挂眉是指眉毛尾部为八字形下垂的眉形，一般眉毛较短而眉腰至眉尾处下垂，眉头高于眉尾的眉毛走势（图 4-3-17）。

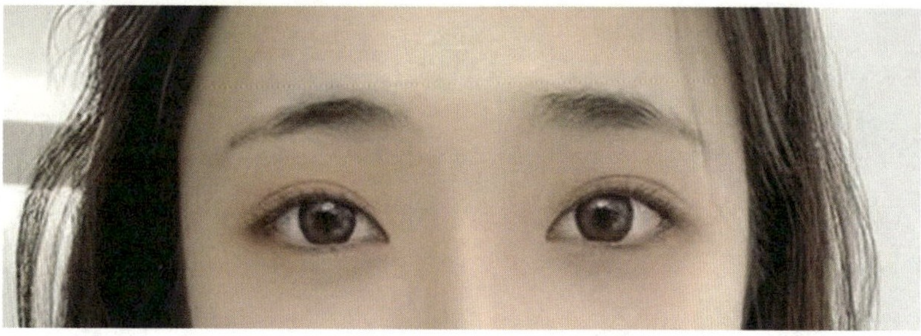

图 4-3-17 倒挂眉修整前

倒挂眉的矫正修饰方法如下：剔除眉头上方、眉尾下方多余杂毛，侧重于眉头下方和眉尾上方的弥补，以及抬高眉尾、压低眉头（图 4-3-18）。

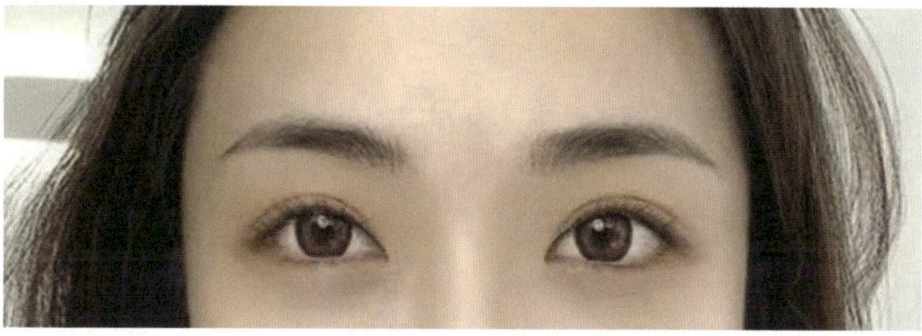

图 4-3-18 倒挂眉修整后

2. 短缺眉的矫正修饰

短缺眉是指眉毛较短而稀缺的眉形，一般由于自身眉毛较稀疏，或由于其他原因造成眉毛部位缺失（图 4-3-19）。

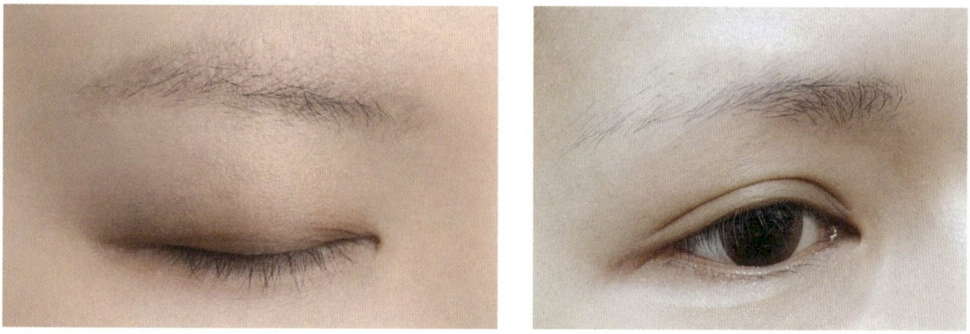

图 4-3-19 短缺眉修整前

短缺眉的矫正修饰方法如下：确定好眉形，根据脸型用眉笔描出适合的比例长度，用眉粉填补晕染（图 4-3-20）。

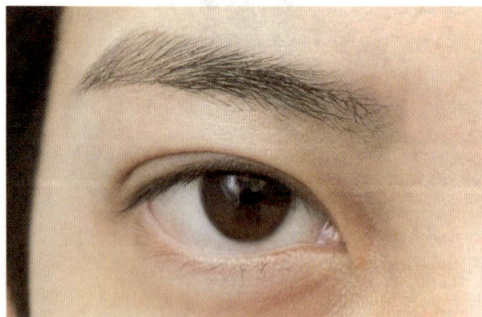

图 4-3-20　短缺眉修整后

3. 杂乱眉的矫正修饰

杂乱眉一般指眉部毛发杂乱无章，个别眉部毛发为逆向生长趋势（图 4-3-21）。

杂乱眉的矫正修饰方法如下：用眉梳按照一个生长方向梳顺，确定一个基本眉形，用刮眉刀将多余毛发刮掉（图 4-3-22）。

图 4-3-21　杂乱眉休整前　　　　　　　图 4-3-22　杂乱眉休整后

实训练习

1. 实训内容

对照表 4-3-2 的内容，独立完成一次完整的眉部修饰。

表 4-3-2 眉部修饰实训操作单

空中乘务专业化妆技能实训操作单			
操作内容	眉部修饰		
操作地点	化妆教室	操作时间	20min
具体内容			
1. 化妆准备 化妆品：眉笔、眉粉 化妆工具：修眉刀、眉剪、镊子、眉刷 底妆已经完成			
2. 修眉 进行眉形的修剪： 1）用眉刷梳理眉毛之后，用眉剪剪去过长的眉毛； 2）用修眉刀刮去眉形轮廓之外多余的眉毛			
3. 描画眉毛 确定轮廓进行描画： 1）确定眉头、眉峰、眉尾的位置； 2）勾勒出眉毛的大致轮廓，从眉头开始进行描画； 3）确定两边眉毛的对称性； 4）用眉刷晕染眉头，控制眉毛着色度，调整眉毛疏密			

2. 评分标准

眉部修饰评分标准如表 4-3-3 所示。

表 4-3-3 眉部修饰评分标准

序号	修饰内容	考核要求	评分标准	分值
1	产品合适	根据模特的眉毛情况选择合适的产品和用具	眉剪、刮眉刀、镊子、眉笔、眉粉等产品和用具，缺一样扣 3 分	15
2	定型修剪及弧形矫正	根据眉形要求进行修剪，长短符合黄金设计比例；根据脸型轮廓来设计相应的眉毛弧形	1）对眉毛进行正确的修剪，确定好眉毛的基本轮廓，将杂毛去除，10 分； 2）按照眉毛生长方向梳理眉毛，用眉剪减去过长的眉毛，10 分； 3）画出眉毛的底部弧线，根据眉毛走势来确立眉毛的形状，15 分	35
3	眉色刻画	眉色均匀，符合发色，且与妆色相吻合	1）眉色要与肤色及头发的颜色相匹配，15 分； 2）眉色匀称，左右眉对称，15 分	30
4	整体效果	整体眉毛符合脸型，色彩淡雅有立体感，修饰自然	1）整体眉形符合本人的脸型及气质，10 分； 2）视觉效果上，不会强于眼妆效果，10 分	20

3. 实训评价

将实训评价结果填入表 4-3-4 中。

表 4-3-4　实训评价表

修饰	分值	学生自评 20%	学生互评 30%	教师评分 50%	总评 100%	扣分备注
产品合适	15					
定型修剪及弧形矫正	35					
眉色刻画	30					
整体效果	20					
合计得分	100					

巩固复习

1. 修剪眉形时需要注意哪些细节？
2. 定型眉形时需要注意哪三个点？
3. 刻画眉形时应如何选择用色？
4. 不同的脸型分别对应什么样的眉形？

任务拓展

1. 寻找自己喜爱的人物，对其眉形进行分析。
2. 依据人物形象进行脸型归纳阐述，设计一对新眉形。

任务四
眼　睛　修　饰

知识目标

➤ 了解眼睛与脸型的搭配。

➤ 掌握各种眼部化妆工具的使用方法。

➤ 掌握眼睛的修饰方法。

能力目标

➤ 能正确地画眼线。

➤ 能正确地涂眼影。

➤ 能正确地涂睫毛膏。

➤ 能正确地粘贴假睫毛。

➤ 能正确地使用美目贴。

一、眼线的画法

眼线的画法

1. 画眼线的目的

画眼线的目的是让眼睛边缘更清晰，通过调整眼睛的轮廓及两眼的间距，增强眼睛的黑白对比度，增加眼睛的光彩和亮度，使眼睛更加明亮有神。

2. 用品和工具

描画眼线的用品和工具包括眼线笔、眼线液、眼线膏（胶）、眼线刷等（图4-4-1）。一般多用深色的眼线，如黑色、褐色、深棕色等。

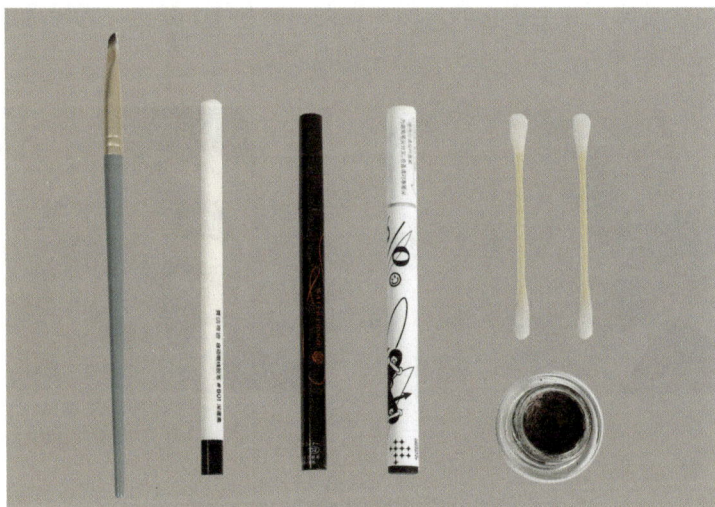

图 4-4-1　眼线用品和工具

3. 眼线的画法

眼线通常画在眼睑睫毛边缘的位置。在描画眼线时，其长短、粗细要从实际需求出发，如果无须矫正眼形，只沿睫毛根部描画即可。

上眼线的画法：首先是画内眼线（图4-4-2），将上眼皮抬起，用眼线胶笔将睫毛根部的空白处全部画满，可以反复调整描画，描画时注意紧贴睫毛根部。然后是画外眼线（图4-4-3），用眼线液笔将睫毛上方靠近睫毛根部的地方全部画满，眼头细，眼尾粗，画满后，提拉一下眼尾的皮肤，用眼线液笔沿着眼尾部分向后画，眼尾处可根据眼形及个人喜好略微拉长并有所上翘，如果拉得不够长或不够翘，可用指甲稍微向后刮（图4-4-4）。

图 4-4-2　画内眼线　　　　图 4-4-3　画外眼线　　　　图 4-4-4　拉长眼线尾部

下眼线的画法：下眼线一般只画眼尾的后 1/3 即可，外眼角的 1/3 在睫毛根部的外面，线条略粗，到 1/3 时转到睫毛根部的里面，靠近内眼角 1/3 处也可轻轻画上（图4-4-5），再用棉签将两处轻轻晕开（图4-4-6），最中间处留白。

图 4-4-5　画下眼线　　　　　　　图 4-4-6　用棉签晕开

【注意事项】
画眼线时要注意描画得整齐干净。

二、眼影的画法

眼影的画法

1. 眼影的作用

眼影是画眼妆时必备的彩妆用品，化妆时涂于眼睛周围，主要强调眼部的结构，并可改善及修饰眼形，以达到让眼睛更有神采、眼部结构更立体的目的，从而让整个妆容看起来更完整，更有立体感。

2. 眼影的颜色

眼影分暗色（阴影色）、亮色以及强调色（表现色）几种。

1）暗色（阴影色）：主要涂在希望收缩或凹陷的地方，一般选择偏冷的颜色，常见的有深棕色、暗灰色、蓝灰色、褐色等。

2）亮色：涂在眼部希望突出或扩张的地方，一般是偏暖色或明度高的颜色，常见的有白色、浅粉色、浅蓝色、米色、浅黄色等。

3）强调色（表现色）：涂强调色的目的是突出某个部位，使之成为引人注目的焦点。强调色的运用，关键在于色彩的比例搭配，在搭配得当的情况下，暗色、亮色以及任何颜色都可以作为强调色。

3. 用品和工具

画眼影的用品和工具主要包括各色眼影粉、眼影膏、眼影刷等（图 4-4-7）。

图 4-4-7　眼影用品和工具

4. 眼影的画法

平涂法：均匀无层次地在眼部涂抹眼影，操作较简单，由睫毛根部自下而上以平涂的手法晕染（图 4-4-8 和图 4-4-9），多适用于单眼皮、肿眼泡等，多用于淡妆。平涂可以使人显得年轻、单纯。虽然是平涂，但也要表现出层次感，要注意少量多次，避免颜色过重而产生适得其反的效果。

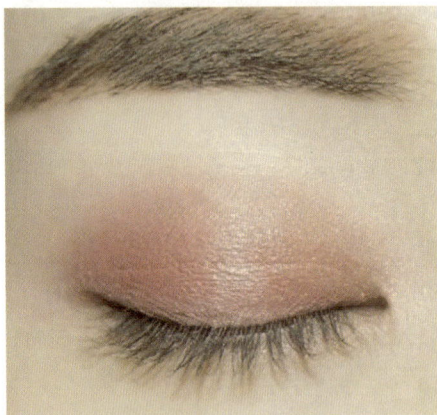

图 4-4-8 平涂眼影（1）

图 4-4-9 平涂眼影（2）

晕染法：由较深的眼影颜色渐渐晕染过渡至较浅的眼影颜色，讲究在眼影修饰时体现立体的素描关系，使整个眼部呈现出层次分明、明暗过渡自然的效果。烟熏妆就属于典型晕染法的一种。在涂眼影时，在眉弓骨处打上高光，从下睫毛根部到上眼窝的范围，由深逐渐变浅，将暗色眼影涂于眼部的凹陷处，将浅亮色涂于眼部的突出部位，暗色与亮色的晕染要衔接自然，明暗过渡合理。下面以大地色系眼影为例介绍晕染法的操作步骤。

第一步：用大号眼影刷铺一层浅色亚光眼影，为眼皮做打底（图 4-4-10），别忘记下眼皮的外眼睑（图 4-4-11），此处容易暗沉。下眼睑需要晕染的位置比较小，因此要将眼影刷竖立起来。

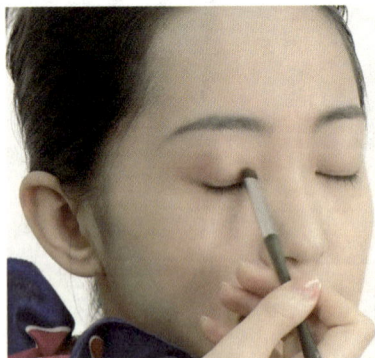

图 4-4-10 眼皮打底

图 4-4-11 下眼皮的内眼睑打底

第二步：用中号眼影刷蘸取棕色眼影从根部渐渐晕染至上层（图 4-4-12），在眼尾大三角区加深晕染，慢慢过渡到下眼睑，下眼影带到卧蚕位置（图 4-4-13），但是不要超过瞳孔内侧。画下眼影时仍然不要忘了将眼影刷竖立起来。如果眼头位置比较肿，也可以在前侧三角区进行着色，有减弱水肿的效果。

图 4-4-12　逐渐晕染

图 4-4-13　过渡至卧蚕

第三步：用小号扁平眼影刷来蘸取强调色，画在最接近睫毛根部的地方（图 4-4-14），以及外眼睑部位，可以先点戳，再左右晕染开，以使妆效更有层次。棕色眼影在眼尾大三角区加深晕染，打造具有层次感的眼妆。

第四步：如果想再增加眼妆的立体感，可以用无名指指腹蘸取少量浅色珠光眼影点涂在眼球中央位置（图 4-4-15）。为了让眼睛更有神，也可以在眼头位置加一点珠光提亮，同时也可以让鼻梁显得更高（图 4-4-16）。

图 4-4-14　睫毛根部加深

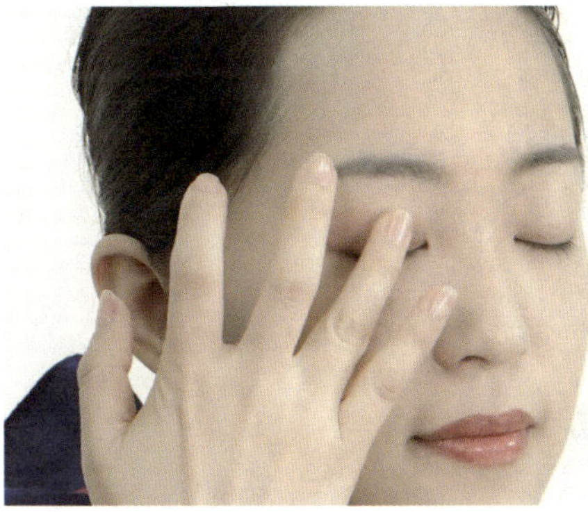

图 4-4-15　点涂眼球中央位置

图 4-4-16　增加眼妆立体感

欧式画法：将眼影由睫毛根部逐渐向上涂满整个眼窝，眼窝边缘的颜色可适当加深，令眼窝变得深邃立体。画时，用两种或两种以上颜色的眼影勾勒出眼部的结构，使其产生欧洲人或混血儿眼窝的效果（图4-4-17）。

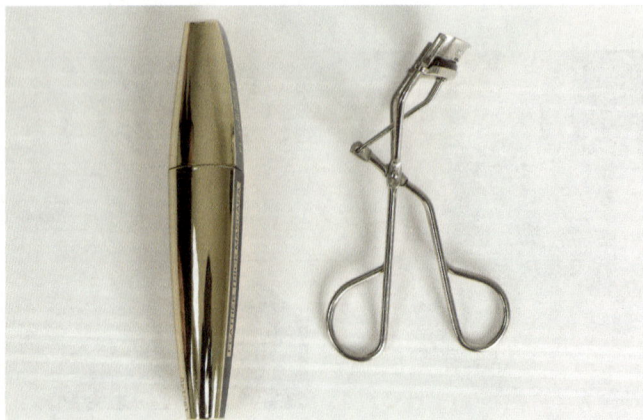

图4-4-17　欧式画法

三、睫毛修饰

睫毛修饰

1. 睫毛膏的作用

刷睫毛膏可以弥补自身睫毛生长不足，还可以起到拉长睫毛的效果，使睫毛显得浓密卷翘，从而使眼睛看起来更有神采，更具魅力。

2. 用品和工具

刷睫毛膏的用品和工具主要包括睫毛膏、睫毛夹等（图4-4-18）。

图4-4-18　刷睫毛膏用品和工具

3. 刷睫毛膏的方法

1）夹睫毛。在刷睫毛膏之前，先夹睫毛，可以使睫毛更自然卷翘，从而形成微微上翘的漂亮曲线，也能一定程度上防止睫毛膏晕妆，并有效防止睫毛戳下眼睑。正确的方法是：选择和眼周大小相近的睫毛夹（图4-4-19），夹住睫毛根部，向上翘起，松开后再夹紧并向上翘起（图4-4-20）。为了使上翘的睫毛弯曲度自然，可以使用三段法来夹睫毛，即先夹睫毛根部，再夹中间，最后夹末梢部分。除了普通睫毛夹之外，还有局部睫毛夹，专门用于夹眼头、眼尾以及普通睫毛夹无法顾及的边角位置的较短的睫毛。

图 4-4-19　选择睫毛夹　　　　　　　　　图 4-4-20　夹翘睫毛

2）睫毛夹好之后，开始刷睫毛膏。刷上睫毛时，取适量的睫毛膏，将多余部分在瓶口处刮掉，眼睛看向下方，从睫毛根部以"Z"字形向梢部顺着睫毛生长方向刷（图4-4-21），可以刷出根根分明的感觉；而刷下睫毛时，应该眼睛向上看，用睫毛膏做横向刷涂，或者将睫毛膏竖起慢慢轻刷（图4-4-22）。

图 4-4-21　刷上睫毛　　　　　　　　　　图 4-4-22　刷下睫毛

【注意事项】
　　刷睫毛膏时，可以先薄涂一层，以呈现睫毛浓密的效果，过一会儿再涂一层，一次不可涂得过厚或重复刷多次，否则容易出现"苍蝇腿"的效果。另外，一旦不小心弄脏妆面，可以用棉签来擦拭，最好等喷在妆面上的睫毛膏干透之后，再用棉签清除。刷完睫毛膏后要尽快将刷管放回，拧紧旋口，以免睫毛膏过早变干结块，无法使用。

四、假睫毛的使用

1. 假睫毛的作用

当自身睫毛太短或稀少，通过化妆达不到使眼睛更加有神的效果时，可借助假睫毛来进行修饰。假睫毛既可以整个使用，也可以剪断使用，只用其中的中间部分或后半段。需要注意的是，睫毛并不是越长、越浓密越好看，贴假睫毛时要根据自身的妆容和气质来进行，讲究自然协调。

2. 用品和工具

贴假睫毛时需要的用品和工具包括假睫毛、胶水、镊子、剪刀、棉签等（图4-4-23）。

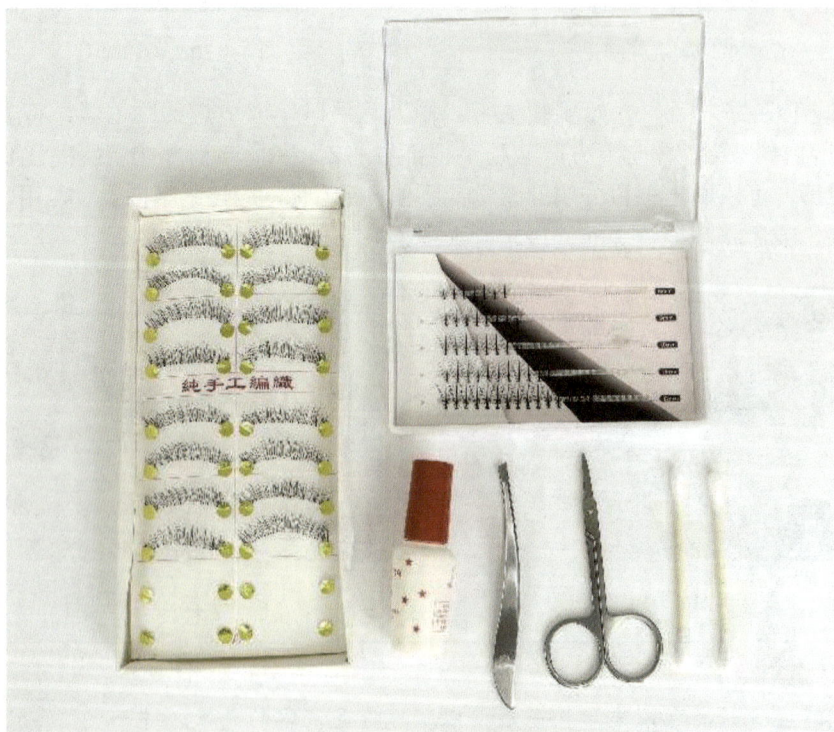

图 4-4-23　假睫毛用品和工具

3. 贴假睫毛的方法

1）根据眼睛的形状修剪假睫毛（图 4-4-24）。假睫毛的长度应长于自身的睫毛长度，但不应太长。为了看起来更自然，假睫毛应一头长、一头短，一副假睫毛应该修剪得左右对称。

2）先用睫毛夹将自己的睫毛夹弯，再刷好睫毛膏，在修剪好的假睫毛底部缝线上涂上假睫毛胶水（图 4-4-25），注意不要涂到假睫毛上。

图 4-4-24　修剪假睫毛　　　　　　　　图 4-4-25　涂假睫毛胶水

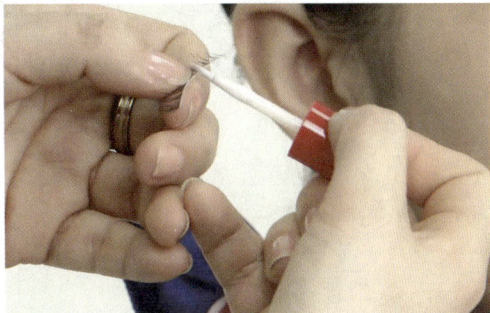

3）将涂好胶水的假睫毛紧贴在睫毛根部（图 4-4-26）。一般睫毛短的一端粘贴在内眼角处，较长的一端粘在外眼角处，粘贴时从内眼角处往外眼角处贴，注意粘贴完整，两端处一定要粘紧，防止翘起。

4）等假睫毛胶水完全干透，用睫毛夹将自己的睫毛和假睫毛夹在一起（图 4-4-27），并用睫毛膏再刷一层（图 4-4-28），使真假睫毛黏合在一起，避免出现形成两层睫毛的效果。

图 4-4-26　粘贴假睫毛　　　　　　　　图 4-4-27　夹翘假睫毛

图 4-4-28　刷涂假睫毛

五、美目贴修饰

1. 美目贴的作用

美目贴又叫双眼皮贴，是一种专门用来粘贴眼睑的半透明胶带，一面自带粘胶，顾名思义就是用来扩大双眼皮的宽度，改变眼部形态的产品，它可以使单眼皮呈现双眼皮的效果。如果本来就是双眼皮，但是不明显或者对眼形不满意，用美目贴可以加深双眼皮褶皱或加大双眼皮效果；如果眼睛一单一双，或一个内双一个外双，可用美目贴将单眼皮粘贴成双眼皮或者将内双粘贴成外双的效果，使眼睛基本对称；若上眼皮松弛或者眼睑上有好几层褶皱，也可用美目贴粘贴后将松弛的眼皮提起来或者除去多余的褶皱，形成完美清晰的双眼皮效果。美目贴可以在化妆前粘贴，这时脸部皮肤还没有打底，黏合剂接触皮肤会比较牢固。粘贴时需要依据不同类型的眼睛选择不同形状或材质的美目贴。

2. 用品和工具

粘贴美目贴的用品和工具主要包括不同材质的美目贴（包括胶布、纸质、绢纱等材质）、棉签、Y 形叉、美工刀、弯头小剪刀、小镊子（图 4-4-29）。

3. 美目贴的使用方法

1）用 Y 形叉或棉签将上眼睑上方的眼皮向上推顶，看是否能形成褶皱，如果能形成褶皱，则将美目贴贴在此处比较容易成型。根据褶皱的情况确定应该粘贴的美目贴的形状、长度和宽度。

2）用 Y 形叉的尖头或镊子挑取美目贴，注意挑的时候从中间挑（图 4-4-30），不要从两端挑，以免出现翘边的情况，或者失去黏度而影响粘贴效果。

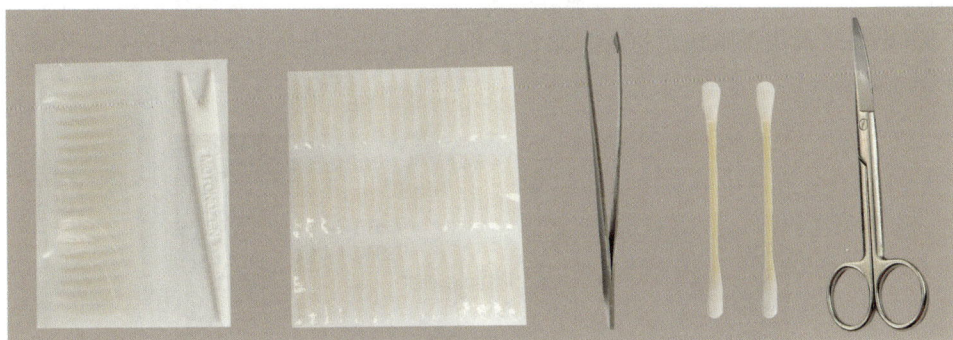

图 4-4-29 美目贴用品和工具

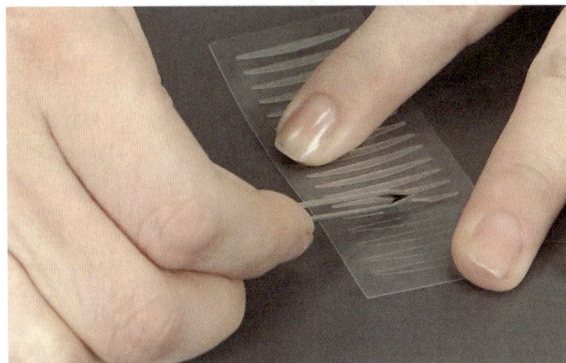

图 4-4-30 挑取美目贴

3）找到眼皮的合适的位置贴上美目贴。贴的时候先压住眼头（图 4-4-31），用镊子往后撑一下固定住眼尾（图 4-4-32），眼尾往后拉一下，这样支撑力更强。

图 4-4-31 压住眼头

图 4-4-32 固定眼尾

4）如果是单面美目贴，注意要在底妆之后、眼妆之前贴，这样可以保证眼部不会出油，让美目贴存留的时间更久，不容易脱落；如果是蕾丝美目贴，则可以在眼妆之后贴。

5）贴好之后用手或镊子将美目贴轻轻压一压，可以使美目贴更加服帖，不容易开胶（图4-4-33）。

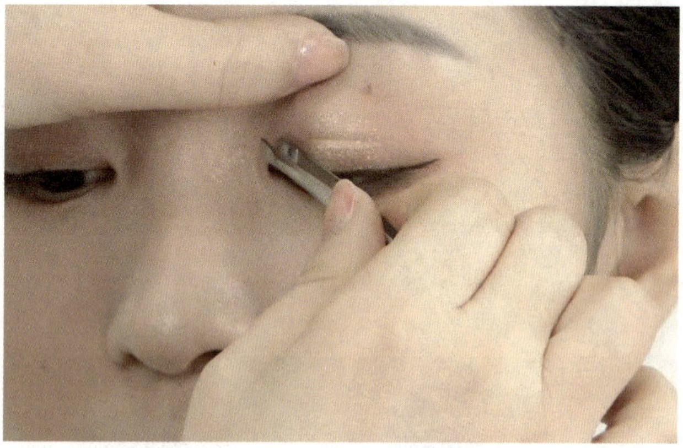

图 4-4-33　轻压使美目贴更服帖

实训练习

1. 实训内容

对照表 4-4-1 的内容，独立完成一次完整的眼部修饰，完成度达标。

表 4-4-1　眼部修饰实训操作单

空中乘务专业化妆技能实训操作单		
操作内容	眼部修饰	
操作地点	化妆教室	操作时间　20min
具体内容		

1. 化妆准备
化妆品：眼线液、眼线胶、睫毛膏、眼影
化妆工具：眼线刷、眼影刷、睫毛夹、剪刀、镊子、假睫毛、美目贴、胶水、棉签
底妆已经完成

2. 眼线
使用眼线液或眼线胶来画眼线：
1）注意上眼线的画法；
2）注意下眼线的画法

3. 眼影

使用眼影粉和眼影刷来画眼影：

1）用大号眼影刷铺一层浅色亚光眼影，为眼皮做打底；

2）蘸取棕色眼影从根部渐渐晕染至上层；

3）棕色眼影在眼尾大三角区加深晕染；

4）如果想再增加眼妆的立体感，可以在眼球中央位置点涂少许珠光眼影

4. 睫毛

使用睫毛夹、睫毛膏来修饰睫毛：

1）在刷睫毛膏之前，先夹睫毛，可以使睫毛更自然卷翘；

2）睫毛夹好之后，开始刷睫毛膏；

3）从睫毛根部以"Z"字形向梢部顺着睫毛生长方向刷，可以刷出根根分明的感觉

5. 假睫毛

用假睫毛来对较短或稀少的睫毛进行修饰：

1）根据眼睛的形状修剪假睫毛；

2）将涂好胶水的假睫毛紧贴在睫毛根部，一般睫毛短的一端粘贴在内眼角处，较长的一端粘贴在外眼角处，粘贴时从内眼角处往外眼角处贴；

3）等假睫毛胶水完全干透，再刷一层睫毛膏，使真假睫毛黏合在一起，避免出现形成两层睫毛的效果

6. 美目贴

用美目贴塑造出双眼皮的效果：

1）用 Y 形叉或棉签将上眼睑上方的眼皮向上推顶，形成褶皱；

2）用弯头小剪刀按刚才确定的形状、长度和宽度修剪出合适的美目贴；

3）闭上眼睛，用手或者 Y 形叉将上眼皮向上推，在刚才确认的合适的位置贴上美目贴，放下 Y 形叉，双眼皮就形成了

2. 评分标准

眼部修饰评分标准如表 4-4-2 所示。

表 4-4-2　眼部修饰评分标准

序号	修饰内容	考核要求	评分标准	分值
1	产品合适	根据自己的眼部情况选择合适的眼部用品和工具，使妆效服帖自然	1）眼线选择不当，或颜色选择与肤色不协调，扣5分； 2）眼影颜色或质地选择不恰当，扣5分； 3）睫毛膏或睫毛夹选择不当，扣5分； 4）假睫毛的选择过于夸张或不恰当，扣5分； 5）美目贴的选择不恰当，扣5分	25
2	修饰眼形	眼线的描画以及睫毛膏和美目贴的使用，可以完美地修饰眼形，放大双眼	1）眼线没有画在合适的位置或者画的长度有误，扣5分； 2）睫毛膏刷得不够根根分明，有明显"苍蝇腿"，扣5分； 3）美目贴贴得过于明显，眨眼时容易脱落，扣5分； 4）假睫毛过长或过于浓密，不够自然，扣5分	20

续表

序号	修饰内容	考核要求	评分标准	分值
3	色彩晕染	眼影色彩的选择对眼形修饰良好，且深浅过渡自然	1）眼影颜色易脱落，扣 10 分； 2）颜色过渡生硬，不够自然，最多扣 10 分； 3）不够干净，有脏脏的感觉，最多扣 10 分	30
4	整体效果	完美修饰眼睛，色彩与唇色相协调	没有很好地修饰眼形，没有使眼睛看起来更明亮有神，扣 10～25 分	25

3．实训评价

将实训评价结果填入表 4-4-3 中。

表 4-4-3　实训评价表

修饰内容	分值	学生自评 20%	学生互评 30%	教师评分 50%	总评 100%	扣分备注
产品合适	25					
修饰眼形	20					
色彩晕染	30					
整体效果	25					
合计得分	100					

巩固复习

1．眼影的颜色应该如何选择？
2．粉状眼影和膏状眼影的效果有何区别？

任务拓展

1．判断自己更适合哪一种眼线产品。
2．测试一下哪种材质的美目贴妆效更持久。

任务五
鼻 部 修 饰

知识目标

➤ 掌握鼻部与脸型的搭配。
➤ 掌握鼻部的修饰方法。

能力目标

➤ 能进行鼻部的描画修饰。

➤ 能进行鼻部的矫正修饰。

一、用品和工具

鼻部修饰所需要的用品和工具包括阴影粉、侧影粉、阴影粉刷等（图 4-5-1）。

图 4-5-1　鼻部用品和工具

二、鼻部修饰的方法

鼻侧影的修饰

1. 鼻侧影的颜色选择

东方人的鼻部相对缺乏立体感，鼻部的修饰就是对鼻侧影的运用，通过色彩的明暗对比，在一定程度上造成视觉上的立体效果，从而改变鼻部外形。鼻侧影的选择一定要和面部的粉底色调保持一致，这样才能和谐，并让阴影色更自然，但是要注意拉开和底色的明暗差别。如果面部的色调是暖色调，鼻侧影的颜色最好也是暖色调；如果面部的色调是冷色调，鼻侧影的颜色最好也是冷色调。当然，有时也可根据需要自己调色。

另外，鼻侧影的颜色除了要和面部粉底色调和谐外，还应该与眼影的色调相协调，注意冷暖色调的搭配和整体协调感。

2. 鼻侧影的修饰技法

1）找到几个关键位置，分别是眉头、眼角、鼻梁外缘、鼻头、鼻尖和鼻翼处（图 4-5-2）。

2）从眉头到眼窝凹陷处形成一个三角形（图4-5-3），这个位置的颜色是最深的，可以使鼻梁和眼窝显得更立体。

图4-5-2　确认关键位置

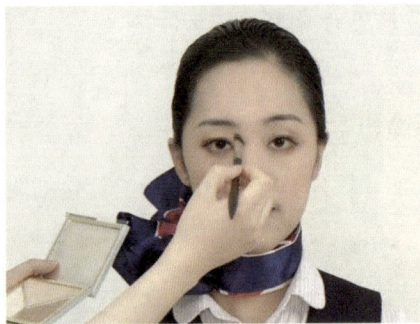

图4-5-3　眼窝三角处

3）鼻梁外缘处（图4-5-4）和内眼角下方（图4-5-5）可以用少量的遮瑕膏来提亮。

图4-5-4　鼻梁外缘

图4-5-5　内眼角下方

4）在鼻尖两侧处画鼻侧影（图4-5-6），使鼻头有尖尖的感觉，形成一个好看的鼻小柱，更加立体。

图4-5-6　鼻尖处

5）在鼻翼不够完美的地方，可以适当地打上阴影（图 4-5-7），使鼻翼有收缩感。

6）最后在山根部分和鼻尖处提亮（图 4-5-8）。

图 4-5-7　鼻翼处阴影　　　　　　　　图 4-5-8　山根及鼻尖处提亮

【注意事项】

　　视觉上加强明暗对比，使眼窝看起来低凹，让鼻梁显得高且挺拔。鼻侧影在鼻子两侧，位于面部中心位置，可以强调脸型的立体层次，也可以作为修饰鼻部外形的手法。鼻梁本身就高的人，不必画鼻侧影，日常淡妆为了真实自然也可以不画鼻侧影，只在鼻梁和鼻根处涂抹上少许的提亮色即可。

三、鼻部的矫正修饰

1. 塌鼻梁的矫正修饰

塌鼻梁的鼻根和鼻梁低而扁平（图 4-5-9），看起来面部呆板，缺乏立体层次。塌鼻梁的矫正修饰方法如下。

1）在鼻根、鼻梁处涂明亮色或珠光粉，也可在鼻尖上轻涂。

2）在鼻子两侧涂阴影色，鼻侧影上端与眉毛相连，下方则消失于肌肤底色，使鼻侧影形成自然又真实的侧面阴影（图 4-5-10）。但要注意阴影不能太深，以免造成眉眼部位的塌陷，以提亮为主，侧影为辅。

2. 蒜头鼻的矫正修饰

蒜头鼻鼻梁适中，但鼻尖和鼻翼偏大（图 4-5-11），因而显得缺乏秀气。要使宽大的鼻翼显小，可用颜色的深浅来调整。蒜头鼻的矫正修饰方法如下。

1）用颜色略深于肤色的鼻影色从鼻侧延续至鼻翼，因为深色有收缩感，可以在视觉上感到鼻翼变小了。

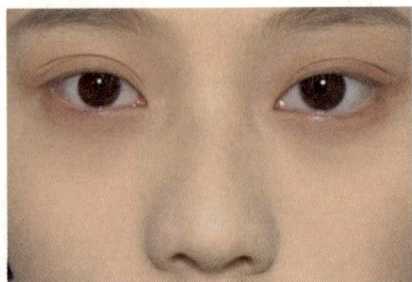

图 4-5-9　塌鼻梁修饰前　　　　　　　　图 4-5-10　塌鼻梁修饰后

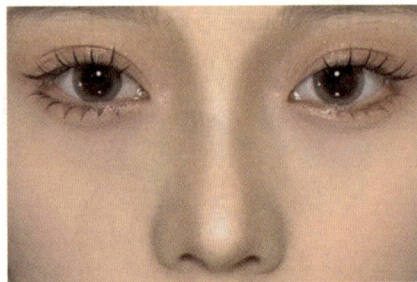

2）用颜色浅于肤色的明亮色涂于鼻头最高处（图 4-5-12），以加强鼻头与鼻翼之间的反差。

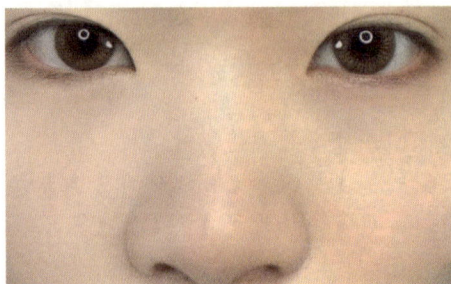

图 4-5-11　蒜头鼻修饰前　　　　　　　　图 4-5-12　蒜头鼻修饰后

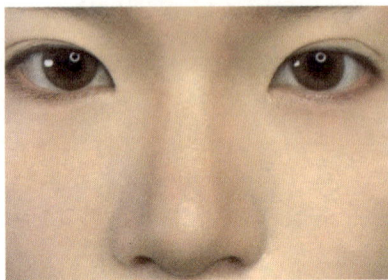

3. 长鼻

鼻子偏长就会看起来显得脸长（图 4-5-13）。长鼻的矫正修饰方法如下。

1）压低眉头，使鼻子长度相应变短。

2）鼻侧影向内眼角涂染，颜色不要太深，向下则可以不用延续至鼻翼处。

3）鼻梁处的提亮色加宽。

4）面颊上腮红色横向晕染，对削弱长鼻印象有一定帮助（图 4-5-14）。

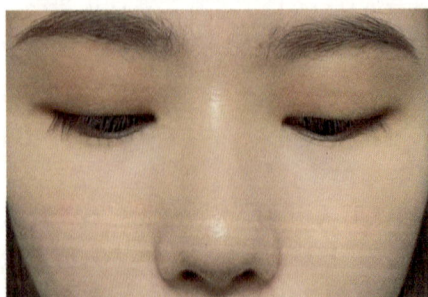

图 4-5-13　长鼻修饰前　　　　　　　　图 4-5-14　长鼻修饰后

4. 短鼻

短鼻会带来脸型较短或者圆脸的视觉效果（图4-5-15）。短鼻的矫正修饰方法如下。

1）将眉头稍微往上抬，可以抬高鼻根部位。

2）将鼻侧影向上晕染至眉头，向下晕染至鼻翼处，视觉上拉长鼻子的长度。

3）鼻部的明亮色不应过宽，鼻梁比正常比例略微收窄，鼻侧影颜色略重。

4）减弱鼻翼处的明亮色（图4-5-16），避免增加鼻子的宽度。

图 4-5-15　短鼻修饰前　　　　　图 4-5-16　短鼻修饰后

实训练习

1. 实训内容

对照表4-5-1的内容，独立完成一次完整的鼻部修饰。

表 4-5-1　鼻部修饰实训操作单

空中乘务专业化妆技能实训操作单			
操作内容	鼻部修饰		
操作地点	化妆教室	操作时间	20min
具体内容			
1.化妆准备 化妆品：阴影粉、侧影粉 化妆工具：阴影刷 底妆已经完成			
2.清洁并修饰鼻型 1）用吸油纸吸出鼻部多余油脂等； 2）正确认清自己的鼻型			
3.鼻部色彩修饰 1）在眉头到眼窝处的三角区打上阴影； 2）鼻翼处根据需要适当打上阴影； 3）山根及鼻尖处根据需要打上高光			

2. 评分标准

鼻部修饰评分标准如表4-5-2所示。

表4-5-2　鼻部修饰评分标准

序号	修饰内容	考核要求	评分标准	分值
1	鼻部清洁	做好鼻部整体的清洁工作,如吸除鼻部多余油脂、清除黑头等	1)没有做好底妆工作,扣5分; 2)鼻部有过多油脂浮起,扣10分; 3)之前的清洁工作没有做好,依然有较明显的黑头,扣10分	25
2	鼻型修饰	正确判断自己的鼻型,找到合适的修饰方法	1)未能正确判断自己的鼻型,扣10分; 2)未能根据自己的鼻型找到正确的修饰方法来扬长避短,最多扣15分	25
3	色彩修饰	选择合适的鼻侧影并正确地做好鼻侧影的修饰	1)眉头到眼窝凹陷处的深色不到位,扣10分; 2)鼻梁外缘处及内眼角下方的提亮做得不够到位,最多扣10分; 3)鼻尖两侧处及鼻翼处的阴影打得不够完美,不能使鼻部更收缩,更有立体感,最多扣10分	30
4	整体效果	完美修饰原来鼻型的缺陷,提升整体的视觉效果	1)没有使原有鼻型不够完美的地方得到更好的修饰,扣10分; 2)没有让鼻子看起来更加挺拔,更有立体感,最多扣10分	20

3. 实训评价

将实训评价结果填入表4-5-3中。

表4-5-3　实训评价表

修饰内容	分值	学生自评20%	学生互评30%	教师评分50%	总评100%	扣分备注
鼻部清洁	25					
鼻型修饰	25					
色彩修饰	30					
整体效果	20					
合计得分	100					

巩固复习

1. 列举两种特殊鼻型的形态特点及矫正修饰方法。
2. 修饰鼻侧影时要注意什么?

任务拓展

1. 判断自己属于哪种鼻型。
2. 尝试在鼻部的不同部位使用高光,感受高光对整个鼻型的重要性。

任务六
唇 部 修 饰

知识目标

➤ 了解唇的形态结构。
➤ 了解唇的比例结构。
➤ 了解唇形的分类。
➤ 掌握唇的修饰方法。
➤ 掌握唇色与妆容风格的关系。

能力目标

➤ 能进行唇形的勾勒描画修饰与色彩填充。
➤ 能进行唇形的矫正与修饰。
➤ 能选择合适的唇色，使之与妆容风格搭配。

一、用品和工具

唇部修饰时所需要的用品和工具包括无色润唇膏、唇彩（唇釉）、唇膏、唇线笔、唇刷、散粉、纸巾等（图4-6-1）。

图4-6-1　唇部用品和工具

二、唇部修饰方法

唇部修饰可谓是整体妆容的画龙点睛之笔。不同的唇形及颜色不仅可以映衬妆容，还可以反映出个人的性格特点。例如，嘴角上翘、薄而圆润，唇线不清晰，塑造活泼可爱的唇；唇峰稍带棱角，紧又薄，干净利落，塑造干练职业化的唇；唇峰饱满，弧度柔和，唇形立体感强，塑造庄重典雅的唇。

1）滋润唇部。先用唇刷蘸取无色润唇膏，均匀厚涂（图4-6-2），停留一段时间，用纸巾轻轻蘸擦（图4-6-3），便于上色。在给唇部上色之前一定要先用无色润唇膏滋润唇部，这样既可以减少唇部细纹，之后再涂口红可以让颜色更滋润持久，又可以防止长期画口红造成唇色变深。

图4-6-2　蘸取润唇膏厚涂

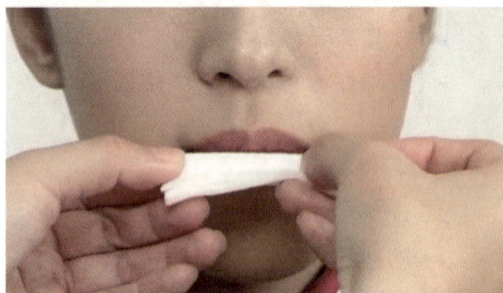

图4-6-3　蘸擦润唇膏

2）在唇红缘处用散粉定妆（图4-6-4），使唇部呈粉质状态，以免油脂使唇膏顺唇纹晕开。如果需要矫正唇形，则先要用与肤色接近的粉底盖住原有的唇线，并扑上散粉定妆。

3）用唇线笔定点、连线、修饰、勾勒出满意的唇形（图4-6-5）。若想要塑造渐变唇，可用唇刷蘸取淡色唇膏代替唇线笔，这样线条更加自然灵动。勾勒完整唇形后可用散粉定妆，使妆面更持久。

图4-6-4　散粉定妆

图4-6-5　勾勒唇形

4）唇部上色。用唇刷蘸取唇膏由嘴角向中间晕染（图4-6-6），用少量多次的手法均匀上色，衔接部分色彩过渡自然（图4-6-7），完成基本唇妆。

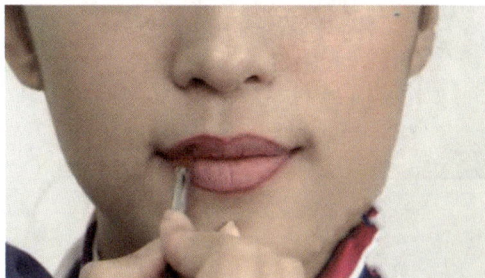

图4-6-6 唇部上色

图4-6-7 自然过渡

5）若需要色彩自然的唇色，可将纸巾置于唇上，双唇轻抿或用手指轻按，吸取过多色彩的同时使唇膏更加服帖（图4-6-8）；若需要色彩艳丽的唇妆，可在步骤4）的基础上再加上一层唇膏。

6）最后用透明的唇彩或唇釉，从双唇的中间向嘴角部位提亮（图4-6-9），塑造立体亮泽的双唇。

图4-6-8 吸取多余唇膏

图4-6-9 提亮双唇

三、唇形的矫正修饰

唇峰、唇角、下唇底部是调整唇形的关键部位。唇与脸部其他部位的描画略有不同，唇红缘处与皮肤有明确的临界点，不能随意扩大或缩小，最多只能在原有的轮廓上适当地描大或描小。

1. 唇形过大的矫正修饰

唇形过大（图4-6-10），不论是厚度过厚还是长度过长，都不可以用过亮、过艳的唇彩，否则会增加视觉膨胀感，越发显得油腻。可用同肤色粉底略遮唇红缘，减弱轮廓线，色彩尽量集中在唇的中间部位，呈现中间向两边淡化的效果（图4-6-11）。

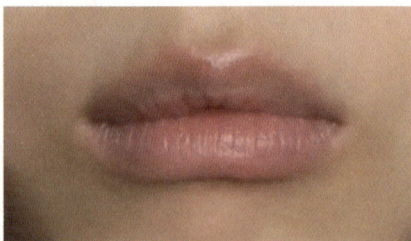

图 4-6-10　唇形过大修饰前　　　　　　　图 4-6-11　唇形过大修饰后

2. 唇形过小的矫正修饰

唇形过小（图 4-6-12）在整体妆容里不协调，会显得脸部轮廓较大。若想塑造较清新自然的妆容，则需在唇红缘处用同肤色粉底液遮盖轮廓线，再涂上相应色彩唇膏向外晕染，这样使唇形轮廓变大，同时塑造出嘟嘟唇的效果；若想塑造较干练、典雅的唇形，则需用唇线笔扩大轮廓，塑造新的轮廓线，随后均匀填充唇色（图 4-6-13）。

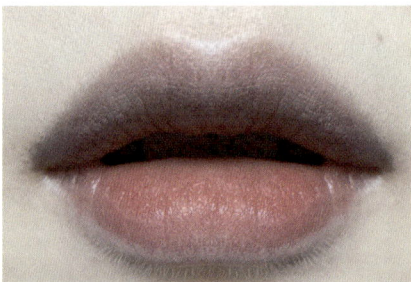

图 4-6-12　唇形过小修饰前　　　　　　　图 4-6-13　唇形过小修饰后

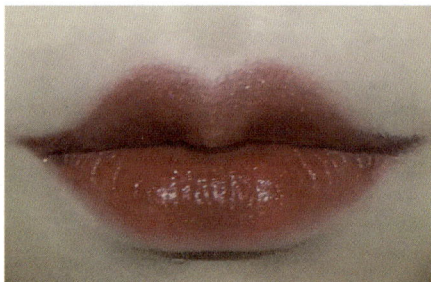

3. 唇形扁平的矫正修饰

唇形扁平（图 4-6-14）会显得唇部没有立体感，则需"里应外合"。唇珠部分用较浅、较亮的唇膏上色，其周围唇色略加深，营造出色彩视觉差，同时将唇峰、唇弓、下唇底边轮廓描画清晰，塑造立体唇形，提升唇形的丰满度（图 4-6-15）。

图 4-6-14　唇形扁平修饰前　　　　　　　图 4-6-15　唇形扁平修饰后

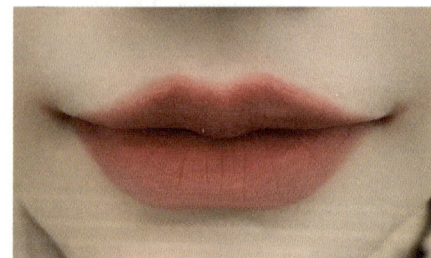

四、唇色与整体风格的关系

唇色直接影响着妆容风格，妆容风格又左右着服装搭配的风格。合理运用色彩的调和，就能使唇色与妆容相互调和，相得益彰。唇色需与腮红颜色相协调，属同色系。

1）甜美清纯的妆容适合淡色、光泽度高的唇色，如透明色、粉嫩色，与妆容搭配体现亲和力，表现出女子温柔委婉的一面（图 4-6-16）。

2）气质优雅的妆容适合玫瑰红、珊瑚红、棕红、紫红等唇色，色彩较柔和，凸显女子的高雅气质（图 4-6-17）。

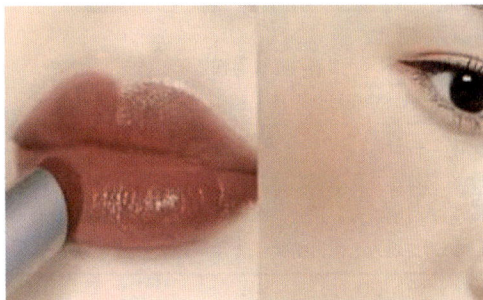

图 4-6-16　甜美清纯色

图 4-6-17　气质优雅色

3）干练惊艳的妆容适合红色、橘色、玫红色，亚光唇膏使用居多，突出人物强大的气场（图 4-6-18）。

图 4-6-18　干练惊艳色

实训练习

1. 实训内容

对照表 4-6-1 的内容，独立完成一次完整的唇部修饰。

表 4-6-1 唇部修饰实训操作单

空中乘务专业化妆技能实训操作单			
操作内容	唇部修饰		
操作地点	化妆教室	操作时间	20min
具体内容			

1. 化妆准备

化妆品：润唇膏、唇膏（唇釉）、散粉

化妆工具：唇线笔、纸巾、唇刷

底妆已经完成

2. 唇部滋润

1）用润唇膏涂于双唇，厚涂滋润唇部；

2）用纸巾轻擦润唇膏，便于唇膏上色

3. 唇部色彩修饰

1）在唇红缘处用散粉定妆，便于上妆；

2）用唇线笔定点、连线、修饰、勾勒出满意的唇形；

3）用唇膏均匀上色，衔接部位注意自然过渡

2. 评分标准

唇部修饰评分标准如表 4-6-2 所示。

表 4-6-2 唇部修饰评分标准

序号	修饰内容	考核要求	评分标准	分值
1	化妆准备	妆面干净、化妆工具齐全	1）前序妆面有瑕疵，最多扣 5 分； 2）化妆工具不齐全，最多扣 5 分	10
2	唇形滋润	滋润得当，便于后续唇膏上色	1）唇部干燥、脱皮，扣 3 分； 2）干纹不遮瑕，扣 3 分； 3）唇膏涂抹不均匀，扣 4 分	10
3	唇部矫正	符合唇形的黄金比例，能勾勒出唇弓、唇峰、下唇底边的弧度	1）唇形过大或过小、不符合比例，最多扣 10 分； 2）唇形不对称，最多扣 10 分； 3）唇部边缘不规整，最多扣 10 分	30
4	色彩修饰	上色均匀，晕染丰满，色彩与整体妆容相适宜	1）上色不均匀，最多扣 10 分； 2）色彩与妆容不协调，最多扣 10 分； 3）唇线笔、唇刷的操作手法有误，最多扣 10 分	30
5	整体效果	唇形符合脸型比例，唇色与妆面相衬，凸显出良好的气色	1）口红颜色遮盖不住底色，最多扣 10 分； 2）唇部色彩与腮红或服装色彩不协调，最多扣 10 分	20

3. 实训评价

将实训评价结果填入表 4-6-3 中。

表 4-6-3　实训评价表

修饰内容	分值	学生自评 20%	学生互评 30%	教师评分 50%	总评 100%	扣分备注
化妆准备	10					
唇形滋润	10					
唇部矫正	30					
色彩修饰	30					
整体效果	20					
合计得分	100					

巩固复习

1. 唇形矫正时需要注意哪些细节？
2. 唇形的标准比例参照物是什么？
3. 选择唇色的注意事项有哪些？

任务拓展

1. 调试一款新的唇色，说明色彩搭配比例及其应用场合。
2. 试分析唇色与人物性格及服饰色彩的关系。

任务七
腮 红 修 饰

知识目标

➤ 了解不同质地腮红的特点。
➤ 熟悉腮红与脸型的搭配。
➤ 掌握空乘人员腮红颜色的要求。

能力目标

➤ 能根据脸型正确地选择腮红的打法。

一、腮红的形态与作用

（一）腮红的形态

脸颊以及颧骨位置较宽阔，通常用腮红来修饰。腮红是日常化妆中不可缺少的产品，它能让人拥有好气色，也能修饰脸型，让脸部看起来更协调、更立体。此外，眼部和唇部的妆容越浓，越需要通过腮红来弥补脸颊部的空旷感，以避免整张脸看起来不协调。腮红按形状分，有圆形、长条形和扩散形等。圆形可以突出可爱效果，长条形在视觉上可以加强立体感，扩散形在视觉上有更柔和的效果。

（二）腮红的作用

腮红主要有以下几个方面的作用。

1. 调节气色

面色红润是身体健康、充满精气神的标志，因此在化妆时，在面颊以及与之相连接的眼窝部位形成一个红晕区，能使整个面部呈现健康自然的肤色，还能增强脸部的生动感，使人显得容光焕发。

2. 修饰脸型

腮红以红色为主，不同腮红的色彩饱和度、亮度和深浅色以及所涂的部位都会对脸部结构和脸型带来错觉，而这种视觉上的错觉正是在化妆时所要达到的目的，即达到修饰脸型的作用。例如，在脸颊的凹陷处涂上浅红色，这个凹陷的部位就会因为红色的亮度给人以饱满的印象。

二、用品和工具

画腮红时所需要的用品和工具包括腮红（膏状腮红、液体腮红、粉状腮红）、腮红刷、化妆棉等（图 4-7-1）。

图 4-7-1　腮红用品和工具

三、腮红的画法

打腮红就和画眉一样，形状很重要。首先，需要确定腮红的位置，打造立体感。腮红通常会选择从苹果肌到颧骨再到太阳穴这样一个大致色调变化的范围。应当注意的是，向上不超过太阳穴，向下不超过鼻底线。确定好范围后，先由鼻翼旁对应到约眼尾下方的位置，往颧骨至太阳穴处向上轻轻斜刷。再用颜色较淡一些的腮红在原本刷上的位置下方来回刷匀，使侧脸呈现长长的三角形状，加深轮廓，让妆感更加自然。

四、各种腮红的使用技巧

腮红质地的选择首先和肤质相关。干性皮肤可以选择膏状腮红或液体腮红，相比粉状腮红不易长时间带妆后出现浮粉斑驳情况；油性皮肤则建议选用粉状腮红，相比其他质地的腮红在脸上能更持久。

腮红质地的选择也和妆容的质感相关。例如，想要打造奶油肌或水光肌妆的效果，就应该选择膏状腮红或液体腮红；想要雾面妆感，可以选择粉状腮红。

1. 膏状腮红的使用技巧

膏状腮红适用于快速化妆，它能够让人在短时间内呈现出好气色。膏状腮红可以直接涂在双颊。使用时，找出笑起来苹果肌鼓起的地方（图 4-7-2），用手指的指腹蘸取膏状腮红画圈（图 4-7-3），均匀涂抹（图 4-7-4），注意不要涂得太宽阔。然后用化妆棉轻轻按拭，这样可以形成一层薄薄的腮红，看上去显得更自然。

图 4-7-2　找出位置　　　　图 4-7-3　指腹蘸取腮红膏　　　　图 4-7-4　均匀涂抹

2. 液体腮红的使用技巧

液体腮红也可以同时当唇彩用，化妆时不用考虑配色。液体腮红比较容易渗入肌肤，妆感最容易显得自然，还会给人以脸色红润的感觉，而且持妆度也很不错。但液体腮红的涂抹是最难掌控的，因为它的挥发性太强，所以在脸颊处点上后（图 4-7-5），需要立即用中指指腹或化妆棉将液体腮红轻轻地均匀推开（图 4-7-6）。

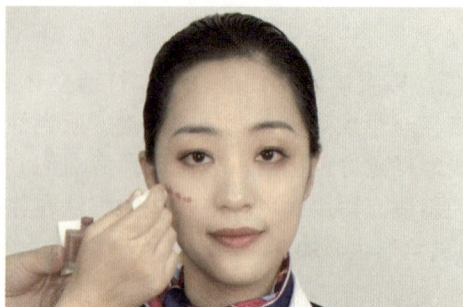

图 4-7-5　正确点涂

图 4-7-6　均匀推开

3. 粉状腮红的使用技巧

油性皮肤或混合性皮肤建议使用粉状腮红，它能让妆容看起来更加服帖完美。选择专用的腮红刷均匀蘸取粉状腮红，在手上弹走多余的粉末（图 4-7-7）；在脸部笑肌处扫匀，注意看腮红刷的毛量是否充足，按住刷毛的根部，使它松软扩张，以刷出均匀的腮红（图 4-7-8）。

图 4-7-7　蘸取腮红粉

图 4-7-8　均匀涂扫

图 4-7-9　苹果肌腮红

五、腮红对脸型的矫正修饰

1. 苹果肌腮红——适合长脸、窄脸、椭圆形脸

在整个苹果肌位置均匀打上腮红，这种打法需要与修容或高光相搭配，太阳穴凹陷就补充高光，太阳穴凸出就补充修容（图 4-7-9）。具体步骤如下。

1）找出笑起来脸部肌肉抬起的地方，用画圈的方式打腮红。

2）由鼻翼旁往斜上方至颧骨最高点，以斜扫的方式打散腮红，让腮红均匀分布。

2. 眼下腮红——适合所有脸型

可以将腮红直接打在眼睛下方的三角区域，也可以顺着眼影小部分晕染到眼周。但一定要注意少量多次，打造一种由内到外、由深变浅的渐变效果（图 4-7-10）。具体步骤如下。

1）将粉色系的腮红打在眼睛下方，以倒三角的形状化出微醺感。

2）确定好眼头及眼尾下方的位置后，分别往鼻翼旁、眼睛下方中心点的位置收尾。

图 4-7-10　眼下腮红

【注意事项】

空乘人员腮红颜色的要求：职业装的腮红不可强于口红颜色，重点在于利用柔和的色彩使整个妆容更加亮丽。乘务员腮红颜色一般可选择玫红色、西瓜红色、橘红色（图 4-7-11）。

| 玫红色 | 西瓜红色 | 橘红色 |

图 4-7-11　空乘人员腮红颜色

实训练习

1. 实训内容

对照表 4-7-1 的内容，独立完成一次完整的腮红修饰。

表 4-7-1　腮红修饰实训操作单

空中乘务专业化妆技能实训操作单			
操作内容	腮红修饰		
操作地点	化妆教室	操作时间	20min
具体内容			

1. 化妆准备
化妆品：膏状腮红、液体腮红、粉状腮红
化妆工具：腮红刷、化妆棉
底妆已经完成

续表

2. 腮红修饰

1）判断自己的肤质类型，选择适合的腮红产品；

2）找出笑起来苹果肌鼓起的地方；

3）在此处蘸取腮红，用指腹或化妆棉均匀推开

2. 评分标准

腮红修饰评分标准如表 4-7-2 所示。

表 4-7-2　腮红修饰评分标准

序号	考核内容	考核要求	评分标准	分值
1	产品选择	根据个人肤质正确选择膏状腮红、液体腮红或粉状腮红	1）干性皮肤可以选择膏状腮红或液体腮红，油性皮肤则建议选用粉状腮红，产品质地不合适，扣5～10分； 2）产品色彩选择与整体妆容不符，扣10分	20
2	脸型修饰	根据脸型轮廓来设计相应的腮红打法	1）腮红具体位置确认不正确，扣10分； 2）不同质地的腮红在涂抹推开时应选择不同工具，如刷子、化妆绵、手指等。选择错误导致晕染不自然，扣20分； 3）对脸型的修饰效果不明显，扣10分	40
3	色彩刻画	腮红浓淡适宜，且与整体妆容相衬	腮红颜色强于口红颜色，扣10～20分	20
4	整体效果	整体腮红符合脸型，色彩淡雅，有立体感，修饰自然	1）未与底妆自然贴合，效果不自然，扣10分； 2）不能凸显红润气色，扣10分	20

3. 实训评价

将实训评价结果填入表 4-7-3 中。

表 4-7-3　实训评价表

修饰内容	分值	学生自评20%	学生互评30%	教师评分50%	总评100%	扣分备注
产品选择	20					
脸型修饰	40					
色彩刻画	20					
整体效果	20					
合计得分	100					

巩固复习

1. 液体腮红的特点有哪些？

2．苹果肌腮红适合哪些脸型？

3．如何打颧骨腮红？

4．空乘人员腮红颜色的要求有哪些？

任务拓展

1．根据自己的肤质和脸型设计腮红。

2．依据空乘人员制服色系选择腮红的颜色。

项目五

空乘人员基础发式塑造

知识要点
- 了解头发的生理特点。
- 了解发式造型标准分区。
- 熟悉发式造型的用具。
- 掌握扎马尾的方法。
- 掌握梳理刘海的方法。
- 掌握发髻梳理的方法。

技能目标
- 掌握头发的护理方法。
- 掌握造型工具的使用方法。
- 掌握短发的梳理方法。
- 掌握刘海的梳理方法。
- 掌握马尾的梳理方法。
- 掌握法式盘发的梳理方法。
- 掌握圆髻发髻的梳理方法。

任务一
头 发 护 理

知识目标

➢ 了解头发的生理特点。

➢ 熟悉护养头发的基本知识。

能力目标

➢ 能正确地护理头发。

➢ 能根据不同发质选择合适的护理产品。

一、头发的生理特点

　　头发是人体皮肤的附属物，通常人的头发从 9 万到 14 万根不等。露在头皮外面的为发干，埋在头皮里面的为发根，发根末端圆球形部分为毛球，与连接毛细血管和神经纤维的毛乳头接触，是向头发输送营养并促进其生长的重要部分。发根外层被毛囊围着，头发是从毛囊上斜着向外生长的。头发是一种复杂的纤维组织。每一根头发由三层组成：最外面的一层是表皮层，由互相交叠的鳞片组成，目的是保护内部；中间层是皮质层，由细长的细胞构成，它决定头发的弹性、耐力和发色；最里面的一层是髓质层，其细胞的组成像蜂巢一样，负责给头发输送营养。毛囊内包含皮脂腺，皮脂腺能够润滑头发，使头发柔软且有光泽。如果皮脂腺作用不足或是阻塞，头发就会变干；如果皮脂腺过度活泼，就会造成油性发质。

　　头发有一定的生长周期（图 5-1-1），生长到一定时期就会自然脱落，然后长出新的头发。头发每天生长 0.3 ～ 0.4mm，一个月可生长 1cm，一般顶部头发比两侧长得快。头发的生长周期一般为 5 年左右，大部分头发长到 25.5cm 后生长速度就会降到原来的一半。一个人每天都会有代谢下来的头发脱落，头发的生长、休止和脱落是交替进行的，所以，虽然每天不断地脱发，但新的头发又不断地生长出来。

　　根据头发皮脂腺分泌情况可将头发分为中性头发、干性头发、油性头发和混合性头发四种类型。中性头发是一种健康的头发，头发有自然光泽、润滑、柔软，有弹性，易梳理，不分叉，不打结，梳理无静电，做好发型后不易变形，但中性头发比较少见。干性头发因头皮缺少皮脂腺或因水分丧失过快而显得干燥。油性头发的头皮皮脂腺分泌旺盛，头发油腻，易黏附灰尘，易有头皮屑，造型难度大，头发平直软弱。油性头发多与遗传因素、精神压力过大、激素分泌旺盛有关。混合性头发处于头发多油和头发干燥的混合型状态，这种头发根部多油，发干和发梢则因易缺油脂而显得干燥。混合性头发因头发生长处于最旺盛阶段，而体内的激素水平又不稳定，所以出现干燥与多油并存的状态。

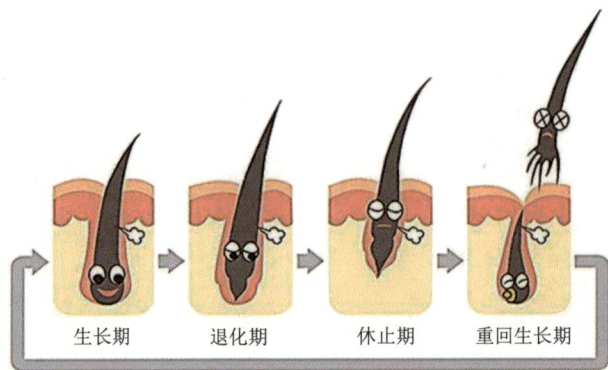

| 生长期 | 退化期 | 休止期 | 重回生长期 |

图 5-1-1　头发的生长周期

二、头发的护养

夏季洗头可以每周 3 ～ 7 次，冬季每周 1 ～ 3 次，洗头时水温不宜超过 40℃，避免使用脱脂性和脱水性比较强的碱性洗发剂，因为它们易使头发干燥、头皮坏死。尽量不要用尼龙梳子，可选用黄杨木梳或猪鬃头刷，这样既能去头屑，为头发增添光泽，又能按摩头皮，促进血液循环。

1. 选用合适的洗发水

正确地选择洗发水是呵护秀发的首要基础。必须针对头发的特质挑选适合的洗发水。如果头发健康，则适合正常发质的洗发水，用于一般性的清洁和温和的护发。油性头发适合去油作用强且有令头发油脂分泌正常的植物浸膏。适合干性和开叉头发的洗发水含羊毛脂、卵磷脂以及能使头发柔软光滑的合成黏合物，它可以黏合鳞片中的裂痕，令头发顺滑易梳。头皮屑多者可以选用去屑洗发水，这种洗发水含有某种可将头皮上将要脱落的皮肤表层细胞分离出来的洗涤成分，且有阻止新的头屑产生的成分，通常还伴有杀菌止痒的功效。

2. 梳理头发得当

梳头发可以刺激血液循环，促使头发更新，使头发更加丰润。梳理头发时拉力过大，头发易受伤，因此要加倍小心（图 5-1-2）。如果头发打结，可把头发分成几部分，先从发梢开始，一点一点地逐渐向上梳，梳通所有结后再从上向下梳顺，不要用力拉头发，以防把头发弄断。梳子的优劣也很重要，最好选择齿端圆润光滑的梳子。长发宜选择长齿、粗齿的梳子，以减少对头发的损伤。

图 5-1-2　头发梳理

3. 定期科学洗发

洗头能促进皮肤分泌，有刺激发梢、健全发质的功效。最新的科学研究发现，天天洗头不仅可以保持头发的健康、干净，也能给人留下卫生、整洁的良好形象。但是天天洗头并不适合所有人。对于头发本来就比较干燥的人来说，天天洗头会把皮脂腺分泌的油脂彻底洗掉，引起头发受损或掉落，反而对头发健康不利。所以，洗头的频率应根据个体差异、季节和所从事的工作而定。洗发时，水温以感觉舒适为宜，不可太烫。先用水将头发浸湿、浸透，然后涂抹洗发水，从发根至发梢反复揉搓、按摩 2min 后冲洗干净。用同样的方法使用洗发水洗发两次，再取适量护发素涂抹于头发上，等待 3～5min 后用温水冲洗干净。然后用毛巾将头发擦至八成干，用宽齿梳子轻轻梳理，排除缠结，最好用吹风机吹干（图 5-1-3）。

完全浸湿头发

取适量洗发水按摩 2min 后冲洗干净

取适量护发素均匀涂抹于头发上，等待 3～5min

用温水彻底清洗护发素，护发完成

用毛巾把头发擦至八成干

可继续用吹风机做造型

图 5-1-3　头发洗护步骤

图 5-1-4　头发吹整

4. 合理吹整头发

吹头发之前先将头发梳开，避免头发打结在吹整的过程中受损伤。尽量缩短吹整时间，吹风机与头发之间保持一定的距离，温度不要太高（图 5-1-4）。建议每周热吹发不超过 3 次，否则会使头发过于干燥，容易引起发梢分叉。

5. 选择舒适头型

舒适头型有利于头皮血液循环。如果把头发紧箍在一起，头皮被拉得很紧，就会损伤发质，头发容易脱落。当然，偶尔紧束发没有关系，只是应该避免每天如此。女空乘人员经常不得已把头发盘在脑后，休息的时候最好让头发也休息一下，以松散自然为好。

6. 坚持头皮按摩

按摩有助于血液循环，松弛紧张的肌肉。洗发前和任何有空的时候，都可适当进行头皮按摩。先从后脑勺开始，以画圈圈的动作揉到头顶、两边以及额头边缘（图 5-1-5）。注意用手指轻而缓慢地揉动，不要用手指去抓，也不要用手掌去推。

图 5-1-5　头皮按摩

7. 避免过多损害

染发、烫发和吹风等对头发都会造成损害。吹风机会破坏毛发组织，损伤头皮；染发、烫发会使头发失去光泽和弹性，甚至变黄变枯；日光中的紫外线会使头发干枯变黄；空调的暖湿风和冷风都可成为脱发和白发的原因，空气过于干燥或湿度过大对保护头发都不利。建议染发、烫发间隔至少 3 ～ 6 个月。夏季要避免日光暴晒，游泳、日光浴时更要注意头发的保护。

8. 注意饮食营养

头发的主要成分是角质蛋白，因此每日应摄入适量富含蛋白质、维生素的食品，如鱼类、瘦猪肉、牛奶、乳制品及豆制品。同时应注意矿物质的摄入，忌食辛辣、刺激性食物，忌油腻、燥热食物以及高糖高脂肪类食物。头发枯黄或过早变白，可多吃动物肝脏、黑芝麻、核桃、葵花籽、黄豆等。头发脱落过多，可补充铁、硫等多种微量元素，如黑豆、蛋、奶、松仁等食物。头皮屑过多可多吃含碘丰富的食物，如海带、紫菜、海鱼等。

9. 保证充足睡眠

晚上 10 点至凌晨 2 点之间是毛发新陈代谢的旺盛期，充足的睡眠可以促进皮肤及附属毛发正常新陈代谢。反之，毛发的代谢及营养失去平衡就会脱发。建议每天睡眠时间不少于 6h，中午可适当休息 10 ～ 30min，养成定时睡眠的良好作息习惯。

三、洗发基本步骤

1. 梳发

洗头发之前，最好花点时间将头发梳一梳。梳头可以将打结的部分解开，也可以去掉头发上的浮皮和脏物，并给头发以适度的刺激，促进血液循环，使头发柔软而有光泽。正确的梳头方法是：首先从梳开散乱的毛梢开始，然后一段段地往上梳，一点点地接近发根。

2. 洗发

先用水浸湿头发，把少许洗发水挤在手上，两手揉搓出泡沫后，均匀地涂抹在头发上（图 5-1-6）。头发上的脏物是引起头皮过多和脱发的一个重要原因，而且阻碍头发的正常生长，所以洗头的目的就在于洗掉头皮和头发上的污物，从而更好地保护头发。通常，在洗头时可按摩头皮和头发，使头发经常处于清洁状态，同时手指对头皮的按压能够增加头皮健康和血液循环，从而提高头发的健康度。

图 5-1-6 洗发

3. 护发

先把少许护发素挤在手上，在手中轻揉，温热软化护发素，再将护发素从后往前均匀地涂抹在头发上。用手指指腹按摩似的揉搓头皮及头发，使头发和头皮都得到滋润。3 ～ 5min 后，用温水冲洗干净。反复冲洗，直至头发上彻底洗净洗发水和护发素为止。

4. 擦干

用毛巾擦干头发是比较传统的方法，但方法不当会折弯、摩擦头发，对头发造成伤害。正确方法是：洗头后用毛巾把头发在头上盘起包好，几分钟后，待毛巾吸收了部分水分，再轻轻挤干水分（图 5-1-7）。注意一定要用轻压的方式将水分挤干，尽量不要往下拉拽头发，以免造成头发断裂。

5. 吹风

将洗净擦干后的头发一点一点地拢起并用吹风机吹至半干（图 5-1-8）。吹头发时，要注意风的温度不要过热。同时，距离要适度，尽量缩短吹风时间。

图 5-1-7　正确挤干头发　　　　　　　　图 5-1-8　吹风

6. 定型

头发半干时，用定型产品定型。直发可以用发蜡、发油涂抹到头发上，这样可以提高发质，柔顺发梢。卷发可以用摩丝等涂在发根，这样可以使头发蓬松并能轻易整理发卷，但也会使头发干燥，应谨慎使用。

实训练习

1. 实训内容

对照表 5-1-1 的内容，按照规范的洗发护理方式，独立完成一次完整的头发洗护，用照片记录洗发前与护理后的头发状态并进行对比。

表 5-1-1 头发洗护实训操作单

空中乘务专业化妆技能实训操作单			
操作内容	头发洗护		
操作地点	寝室	操作时间	40min
具体内容			

1. 洗发准备

所需用品：洗发水、护发素、护发精油、毛巾、梳子、吹风机

2. 拍摄未洗护的头发

将头发梳顺，拍下洗发前的头发状态，避开逆光环境拍摄

3. 洗发

1）先用水浸湿头发，把少许洗发水挤在手上，两手揉搓出泡沫后，均匀地涂抹在头发上；

2）用手指指腹按摩似的揉搓头皮及头发 2min 后冲洗；

3）洗掉头皮和头发上的污物，保持清洁状态

4. 护发

1）先把少许护发素挤在手上，在手中轻揉，温热软化护发素；

2）将护发素从后往前均匀地涂抹在头发上，用手指指腹按摩似的揉搓头发，尽量避开头皮处，使头发得到滋润，3～5min 后用温水冲洗干净；

3）反复漂洗，直至头发上彻底没有洗发水和护发素为止

5. 吹风

1）洗发后，用毛巾擦掉水分，然后将头发一点一点地拢起，用吹风机吹至半干，根据个人需要做出各种发型；

2）吹干头发时，注意风的温度不要过热，距离要适度，尽量缩短吹风时间

6. 定型

1）头发半干时，用定型产品定型或者用护理精油养护，使头发有光泽；

2）用梳子梳顺后，拍照对比

2. 评分标准

头发洗护评分标准如表 5-1-2 所示。

表 5-1-2 头发洗护评分标准

序号	修饰内容	考核要求	评分标准	分值
1	洗发准备	所需用品和工具准备情况	包括洗发水、护发素、护发精油、毛巾、梳子、吹风机，每少一项扣 2 分	10
2	拍摄未洗护的头发	照片清晰，光线柔和，突出发质	1）逆光拍摄，扣 4 分； 2）头发表面不清晰，扣 4 分； 3）拍摄环境杂乱，扣 2 分	10
3	洗发	洗发用品齐全，手法得当，头发不留污物，保持清洁状态	1）泡沫冲洗不干净，扣 5～10 分； 2）清洗手法不规范，扣 5～10 分	20

续表

序号	修饰内容	考核要求	评分标准	分值
4	护发	护发素涂抹均匀，充分滋养头发，冲洗干净，不留泡沫	1）泡沫冲洗不干净，扣5～10分； 2）清洗手法不规范，扣5～10分	20
5	吹风	头发吹干不毛躁	1）毛巾擦拭时间过短及方法不恰当，扣5～10分； 2）冷热风使用不当，扣5分； 3）吹风方向控制不当，扣5分	20
6	定型	头发柔顺，照片清晰，与洗发前的照片进行对比	1）头发梳理不整齐，扣5分； 2）护理用品涂抹手法不当，扣5～10分； 3）拍摄不清晰，扣5分	20

3. 实训评价

将实训评价结果填入表5-1-3中。

表5-1-3　实训评价表

修饰内容	分值	学生自评20%	学生互评30%	教师评分50%	总评100%	扣分备注
洗发准备	10					
拍摄未洗护的头发	10					
洗发	20					
护发	20					
吹风	20					
定型	20					
合计得分	100					

巩固复习

1. 如何保养头发最有效？
2. 洗发后如何梳理头发？
3. 烫染会对头发产生什么影响？

任务拓展

1. 分析自己的发质，有针对性地为自己选择合适的护发产品。
2. 搜集护发小妙招并与同学分享。

任务二
短 发 梳 理

知识目标

➤ 了解对空乘人员短发的要求。
➤ 了解对空乘人员发色的要求。

能力目标

➤ 掌握短发的梳理方式。
➤ 能使用发蜡、发胶进行短发造型。

一、男性空乘人员发型的基本要求

1. 发型庄重

空乘人员在选择发型时，应当有意识地使之体现庄重得体且具亲和力的整体风格。这不仅是行业要求，也能与空乘人员的职业身份相吻合，从而使自己更容易得到服务对象的信任。

2. 剪短头发

男性空乘人员的发型必须做到"前发不覆额，侧发不掩耳，后发不触领"。前发不覆额，主要是要求头前的头发不遮盖眼部，即不允许留有长刘海（图5-2-1）；侧发不掩耳，主要是要求两侧的鬓角不长于耳垂底部，即不应当蓄留鬓角（图5-2-2）；后发不触领，主要是要求脑后的头发不宜长至衬衣的衣领（图5-2-3）。为了保持短发，应根据头发生长的一般规律，至少每半个月左右理一次发。

3. 不准染发

除了黑色之外，男性空乘人员不准染其他颜色的头发。

图 5-2-1　短发正面　　　　　　图 5-2-2　短发侧面　　　　　　图 5-2-3　短发后面

二、男性空乘人员短发梳理的用品和工具

男性空乘人员短发梳理时的用品和工具包括尖尾梳、发蜡、电吹风、发胶喷雾。

三、男性空乘人员短发梳理的步骤

1. 第一种短发梳理（有刘海）

1）头发洗净后边吹边用尖尾梳辅助造型（图 5-2-4）。
2）用发蜡塑型（图 5-2-5），用尖尾梳梳理平整。
3）用发胶定型（图 5-2-6）。

图 5-2-4　洗净吹干　　　　　　　　　图 5-2-5　发蜡塑性

图 5-2-6　发胶定型

2. 第二种短发梳理（无刘海）

1）头发洗净后边吹边用尖尾梳辅助造型（图5-2-7）。
2）用发蜡塑型，用尖尾梳梳理平整（图5-2-8）。
3）用发胶定型（图5-2-9和图5-2-10）。

男士短发梳理
（无刘海）

图5-2-7　洗净吹干

图5-2-8　发蜡塑型

图5-2-9　发胶定型（1）

图5-2-10　发胶定型（2）

四、女性空乘人员短发的基本要求

1. 发型朴素

女性空乘人员在为自己选择发型时，必须与空乘人员的职业身份相符，遵从本行业的共性要求——简约、明快。

2. 长短适中

女性空乘人员可留短发，短发造型不宜奇特，不可留怪异、染成彩色或漂染等带有个性标志的发型。头发长度不能超过衣领。前发须保持在眉毛上方，不宜挡住眼睛（图5-2-11），两侧头发干净利落、服帖（图5-2-12）。刘海无碎发，不毛躁，不遮眉。刘海在整个面部塑造中起到修饰额头的作用，比如发际线较高、额头较宽等都需要刘海去修饰，以达到面部比例的平衡。刘海通常分为齐刘海、中分、二八分、三七分等。

图 5-2-11　短发正面

图 5-2-12　短发侧面

3. 不准染发

除了黑色之外，女性空乘人员不准染其他颜色的头发。

实训练习

1. 实训内容

对照表 5-2-1 的内容，独立完成一个合格的短发造型。

表 5-2-1　短发梳理实训操作单

空中乘务专业化妆技能实训操作单			
操作内容	短发梳理		
操作地点	化妆教室	操作时间	20min
具体内容			
1. 短发梳理准备 所需用品和工具：尖尾梳、发蜡、电吹风、发胶喷雾			
2. 选择适合自己的短发造型 根据脸型判断是否需要刘海，辅助修饰脸型			
3. 短发梳理 1）头发洗净； 2）吹干，边吹边用尖尾梳辅助造型			
4. 定型 1）将发蜡在手掌心融化后塑型，用尖尾梳梳理平整； 2）用发胶喷雾定型			

2. 评分标准

短发梳理的评分标准如表 5-2-2 所示。

表 5-2-2　短发梳理评分标准

序号	修饰内容	考核要求	评分标准	分值
1	短发梳理准备	所需用品和工具准备情况	包括尖尾梳、发蜡、电吹风、发胶喷雾，每少一项扣 5 分	20
2	选择适合自己的短发造型	选择正确的造型	1）分析脸型有误，扣 10 分； 2）头发过长，扣 10 分	20
3	短发梳理	头发洁净无污物	1）泡沫冲洗不干净，扣 5 分； 2）清洗手法不规范，扣 5 分； 3）刘海过度遮挡面部，扣 10 分； 4）头发分区不明确，扣 10 分	30
4	定型	发蜡不结块，发丝纹理清晰，有光泽	1）发蜡泛白结块，扣 5～10 分； 2）发丝纹理不清晰，扣 5～10 分； 3）造型塌软，无明显造型感，扣 10 分	30

3. 实训评价

将实训评价结果填入表 5-2-3 中。

表 5-2-3　实训评价表

修饰内容	分值	学生自评 20%	学生互评 30%	教师评分 50%	总评 100%	扣分备注
短发梳理准备	20					
发型选择	20					
短发梳理	30					
定型	30					
合计得分	100					

巩固复习

1. 短发梳理的注意事项有哪些？
2. 如何使用刘海修饰脸型？
3. 如何固定刘海？

任务拓展

1. 练习梳理不同方向刘海的短发，找出最适合自己的一款发型。
2. 分析短发发型适合搭配哪类服饰。
3. 分析短发发型适合塑造怎样的职业形象。

任务三
扎束马尾

知识目标

➢ 了解发式造型标准分区。
➢ 掌握扎束马尾的正确方法。

能力目标

➢ 能用橡皮筋固定马尾。
➢ 能正确使用发胶喷雾。
➢ 能正确使用一字夹。

一、发式造型标准分区

发式造型在人物形象塑造中占有重要地位，是体现气质的重要表现手法。发式造型对发式的梳理有很高的要求，通过不同发式的呈现效果可以初步判断一个人的职业、出席场合、性格倾向等重要信息。

发式造型标准分区如图 5-3-1 所示。

（1）刘海区

刘海区主要修饰脸型比例、额头缺陷以及搭配发式造型，呈现三角形或弧形结构。

（2）侧发区

侧发区一般在耳中线或耳后线的位置，根据所需发量多少来决定区分的位置。侧发区的头发造型可以提升发型的饱满度，达到修饰脸型的作用。

（3）顶区

顶区的头发一般用来增加造型的高度或者为造型做一定的支撑，使其达到修饰造型轮廓的效果。顶区的整体轮廓造型大多为较流畅的弧形。

（4）后发区

在做好前几个分区后，剩余部分区域为后发区，后发区的头发主要修饰枕骨部位的饱满度，也可以用来修饰肩颈部位。

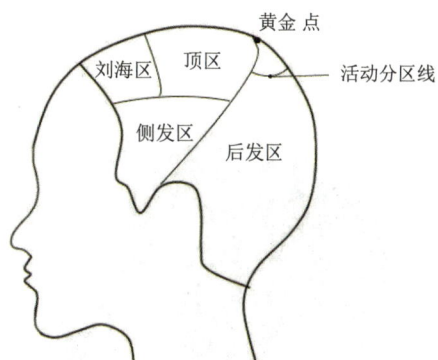

图 5-3-1　发式造型标准分区

二、扎束马尾的用品和工具

扎束马尾需要的用品和工具包括尖尾梳、一字夹、黑色橡皮筋、发胶喷雾（图 5-3-2）。

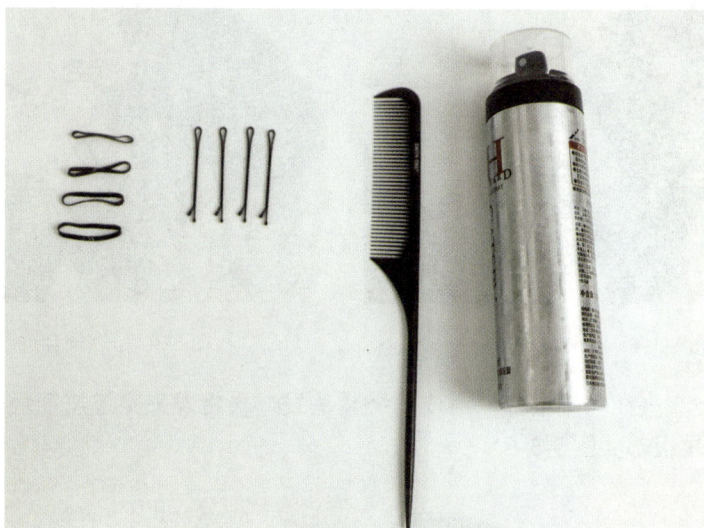

图 5-3-2　马尾扎束用品和工具

三、马尾扎束方法

扎束马尾按高度可分为高位马尾、中位马尾、低位马尾。马尾的高度不同除了区分发式，还可以彰显出不同的人物性格。高位马尾凸现青春、活力；中位马尾展现知性、优雅；低位马尾体现成熟、稳重。在实际生活中，可根据不同的穿衣风格及职业性质选择马尾的高度。空乘这个职业有一定的行业规范，通常采用中位马尾辅助盘发。空乘人员盘发时更常用的是中位马尾，扎束方法如下。

1）用尖尾梳将头发梳顺（图 5-3-3）。

图 5-3-3　梳顺头发

2）用黑色橡皮筋固定马尾辫（图 5-3-4），高度在两耳耳尖连线处（图 5-3-5）。

图 5-3-4　固定马尾　　　　　　　　　图 5-3-5　选择合适高度

3）先将发夹夹在马尾根部，用皮筋绕紧头发，再将发夹穿过皮筋反方向绕，然后将发夹夹在马尾根部（图 5-3-6）。

图 5-3-6　绑定马尾

4）最后用尖尾梳梳理碎发（图 5-3-7），用发胶喷雾定型即可（图 5-3-8）。

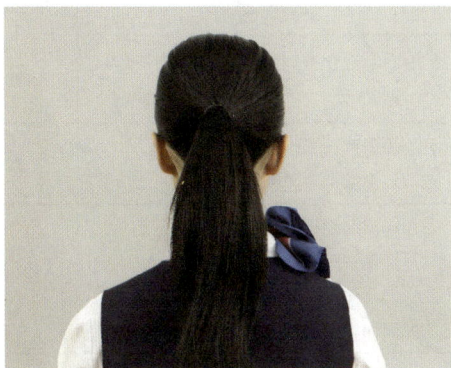

图 5-3-7　梳理碎发

图 5-3-8　发胶定型

实训练习

1. 实训内容

对照表 5-3-1 的内容，独立完成一个合格的马尾扎束造型。

表 5-3-1　扎束马尾实训操作单

空中乘务专业化妆技能实训操作单			
操作内容	扎束马尾		
操作地点	化妆教室	操作时间	20min
具体内容			
1. 扎束马尾准备 所需用品和工具：尖尾梳、黑色橡皮筋、一字夹、发胶喷雾			
2. 选择适合自己的造型 根据脸型判断是否需要刘海，辅助修饰脸型			
3. 扎束马尾 1）用尖尾梳将头发梳顺，将发夹穿过皮筋做好准备； 2）将头发梳理光滑后集中在两耳尖连线中心位置处，将发夹夹在马尾根部； 3）用皮筋绕紧头发，将发夹穿过皮筋反方向绕，最后将发夹夹在马尾根部			
4. 定型 用尖尾梳梳理碎发，再用发胶喷雾定型即可			

2. 评分标准

扎束马尾评分标准如表 5-3-2 所示。

表 5-3-2　扎束马尾评分标准

序号	修饰内容	考核要求	评分标准	分值
1	扎束马尾准备	所需用品和工具准备情况	包括尖尾梳、一字夹、黑色橡皮筋、发胶喷雾，每少一项扣 5 分	20
2	选择适合自己的造型	选择正确的造型	1）分析脸型有误，扣 10 分； 2）刘海过度遮挡面部，扣 10 分	20
3	扎束马尾	马尾高度准确，皮筋将马尾固定牢固	1）使用橡皮筋过粗或过松，扣 5 分； 2）马尾高度过高或过低，扣 5 分； 3）扎束马尾松动，扣 10 分； 4）头发表面不平整，扣 10 分	30
4	定型	马尾顺直，无碎发	1）头发表面有多余夹子，扣 5～10 分； 2）有碎发，扣 5～10 分； 3）发尾毛躁不顺，扣 5～10 分	30

3. 实训评价

将实训评价结果填入表 5-3-3 中。

表 5-3-3　实训评价表

修饰内容	分值	学生自评 20%	学生互评 30%	教师评分 50%	总评 100%	扣分备注
扎束马尾准备	20					
选择适合自己的造型	20					
扎束马尾	30					
定型	30					
合计得分	100					

巩固复习

1．马尾的梳理需要注意哪些细节？
2．喷发胶喷雾时的方向应如何把握？

任务拓展

练习高位马尾和低位马尾的梳理，分析不同马尾高度分别塑造怎样的职场形象。

任务四
法式盘发梳理

知识目标

➤ 熟悉法式盘发的基本方法。
➤ 掌握 U 形夹固定发包的使用方法。

能力目标

➤ 能使用 U 形夹固定发包。
➤ 会整理法式盘发的发包及刘海。
➤ 能独立完成法式盘发。

法式盘发是一款高雅的发型,有利于塑造空乘人员高品质的服务形象。

一、法式盘发的用品和工具

法式盘发的用品和工具包括尖尾梳、U 形夹、黑色橡皮筋、发胶喷雾(图 5-4-1)。

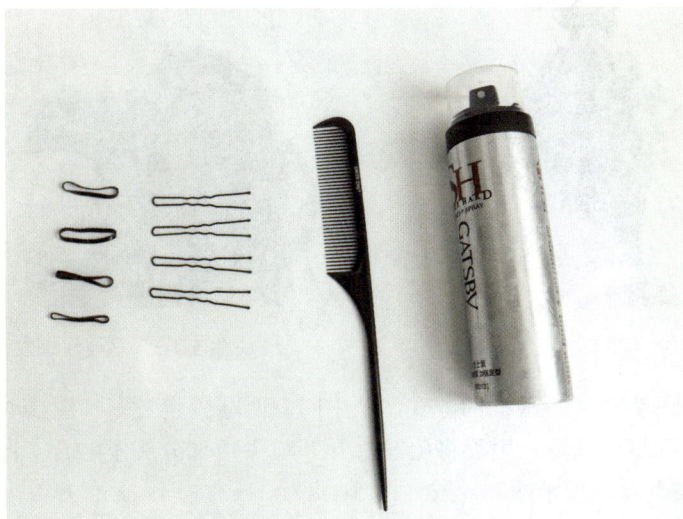

图 5-4-1 法式盘发的用品和工具

二、法式盘发方法

1）使用尖尾梳将头发梳通，用黑色橡皮筋固定一个低马尾（图 5-4-2）。

2）单手将马尾向上翻折立起，扭转马尾根部，缓缓向上扭转；另一只手将马尾根部头发向上推，包住整个马尾（图 5-4-3）。

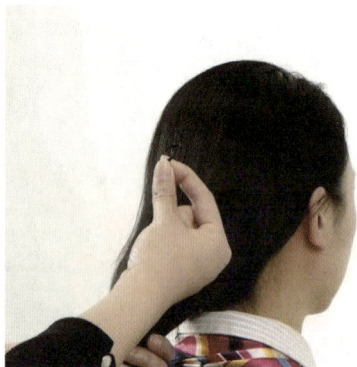

图 5-4-2 固定低马尾

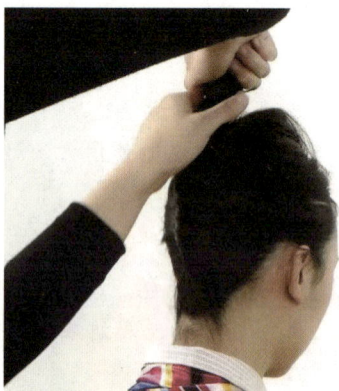

图 5-4-3 扭转马尾上推

3）用点断式手法将发髻梳顺（图 5-4-4）；换一只手，抓住马尾；用同侧手扣住发髻，小指高度为马尾的翻折位置，将马尾折下，另一只手将头发压入发髻内（图 5-4-5）。

图 5-4-4 梳顺发髻

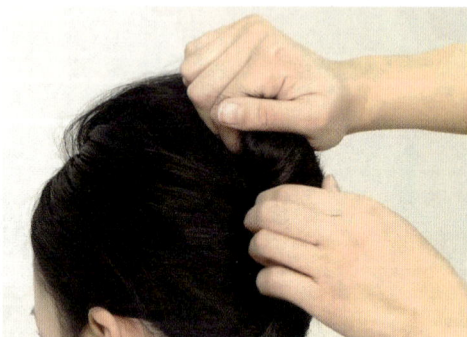

图 5-4-5 马尾压入发髻

4）使用 U 形夹以竖下横插的方式，从中间向两端固定发髻（图 5-4-6）。

5）固定好后整理刘海，用手将头发捻开并与头顶部分头发融合（图 5-4-7），尖尾梳斜 45°在头发表面，梳平两侧碎发（图 5-4-8）。

6）喷发胶喷雾定型（图 5-4-9），检查整体发型的平整度。

7）法式盘发梳理完成，整个发包造型圆润饱满（图 5-4-10～图 5-4-13）。

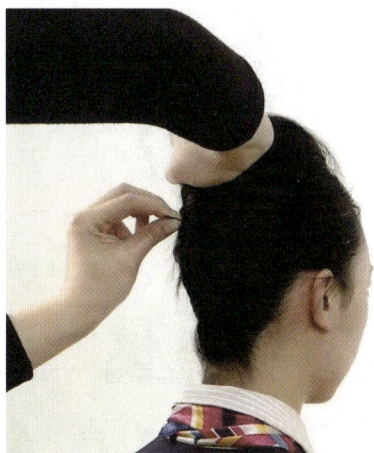

图 5-4-6　U 形夹固定发髻

图 5-4-7　整理发髻

图 5-4-8　梳平两侧碎发

图 5-4-9　发胶定型

图 5-4-10　法式盘发正面

图 5-4-11　法式盘发背面

图 5-4-12　法式盘发侧面

图 5-4-13　法式盘发侧后面

实训练习

1. 实训内容

对照表 5-4-1 的内容，独立完成一个法式盘发造型。

表 5-4-1　法式盘发实训操作单

空中乘务专业化妆技能实训操作单			
操作内容	法式盘发		
操作地点	化妆教室	操作时间	20min
具体内容			

1. 法式盘发准备
所需用品和工具：尖尾梳、黑色橡皮筋、U 形夹、发胶喷雾

2. 选择适合自己的造型
根据脸型判断是否需要刘海，辅助修饰脸型

3. 法式盘发
1）使用尖尾梳将头发梳通，用黑色橡皮筋固定一个低马尾；
2）单手将马尾向上翻折立起，扭转马尾根部，缓缓向上扭转；
3）另一只手将马尾根部头发向上推，包住整个马尾；
4）用点断式手法将发髻梳顺，换一只手，抓住马尾；
5）用同侧手扣住发髻，小指高度为马尾的翻折位置，将马尾折下，另一只手将头发压入发髻内；
6）使用 U 形夹以竖下横插的方式，从中间向两端固定发髻；
7）固定好后整理刘海，用手将头发捻开与头顶部分头发融合，尖尾梳斜 45°在头发表面，梳平两侧碎发

4. 定型
喷发胶喷雾定型，检查法式盘发整体的平整度

2. 评分标准

法式盘发评分标准如表 5-4-2 所示。

表 5-4-2 法式盘发评分标准

序号	修饰内容	考核要求	评分标准	分值
1	法式盘发准备	所需用品和工具准备情况	包括尖尾梳、U形夹、黑色橡皮筋、发胶喷雾，每少一项扣5分	20
2	选择适合自己的造型	选择正确的造型	1）分析脸型有误，扣10分； 2）刘海过度遮挡面部，扣10分	20
3	法式盘发	操作手法准确，发包紧实，贴合头皮，不露发夹，颅顶拱起，刘海与两侧头发融合	1）使用橡皮筋过粗或过松，扣5分； 2）发包松散不紧实，扣10～15分； 3）头发表面不平整，扣5～10分； 4）刘海与两侧头发不融合，颅顶扁塌扣5～10分	40
4	定型	发包表面光滑平整，无碎发	1）头发表面有多余夹子，扣5分； 2）有碎发，扣5分； 3）发包表面不平整、不整洁，扣5分； 4）发包最高点偏低，扣5分	20

3. 实训评价

将实训评价结果填入表 5-4-3 中。

表 5-4-3 实训评价表

修饰内容	分值	学生自评20%	学生互评30%	教师评分50%	总评100%	扣分备注
法式盘发准备	20					
选择适合自己的造型	20					
法式盘发	40					
定型	20					
合计得分	100					

巩固复习

1. 发髻扭转方向与刘海方向一致还是相反？
2. 法式盘发时怎样使用 U 形夹？

任务拓展

1. 分析法式盘发与哪类服饰搭配更相得益彰。
2. 分析法式盘发适合塑造怎样的女性形象。

任务五
圆髻发型梳理

知识目标

➤ 了解隐形发网的使用方法。
➤ 掌握圆髻发型的梳理方法。

能力目标

➤ 会使用U形夹固定圆髻。
➤ 会使用隐形发网固定圆髻。
➤ 会两种圆髻盘发。

圆髻发型是空乘人员的常用发型，因其操作简单，且能体现空乘人员专业、端庄的职业形象。

一、圆髻盘发的用品和工具

圆髻盘发的用品和工具包括尖尾梳、U形夹、黑色橡皮筋、隐形发网、发胶喷雾（图 5-5-1）。

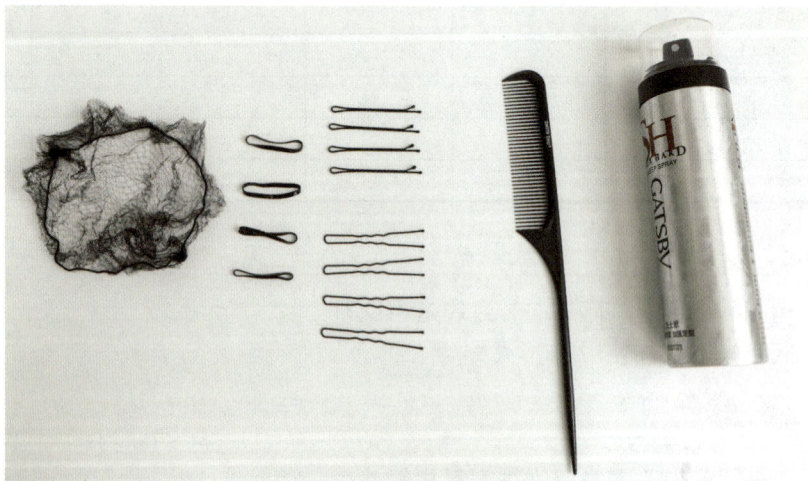

图 5-5-1　圆髻盘发的用品和工具

圆髻发型梳理

二、圆髻发型梳理方法

圆髻发型的梳理分为两种：第一种是先包隐形发网后绕发尾，适用于发量、长度适中者；第二种是先绕发尾后包发网，适用于发量较少或头发偏长者。

第一种盘发方式操作流程如下。

1）使用尖尾梳将头发梳通，用黑色橡皮筋固定马尾辫，高度在两耳耳尖连线处（图 5-5-2）。

2）用 U 形夹勾起隐形发网的一端插入马尾橡皮筋处（图 5-5-3），再用隐形发网包住发尾（图 5-5-4）。

3）用"OK"手势辅助旋转发尾（图 5-5-5），使第一圈留有松量，发尾紧紧缠绕在皮筋处，再用第一圈头发裹住发尾。

4）用 U 形夹固定（图 5-5-6）。竖下横插夹子固定发髻，使发髻表面不露夹子。

5）固定好发髻后整理碎发（图 5-5-7），喷发胶喷雾定型（图 5-5-8），检查圆髻整体的平整度。

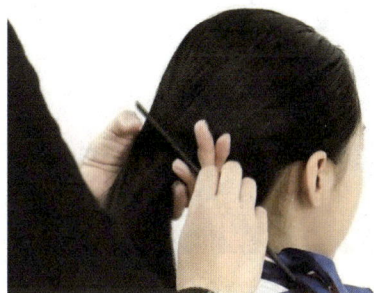

图 5-5-2　马尾梳理

图 5-5-3　马尾扎束

图 5-5-4　隐形发网包住马尾

图 5-5-5　旋转发尾

图 5-5-6　U 形夹固定发髻　　　　图 5-5-7　整理碎发　　　　图 5-5-8　发胶定型

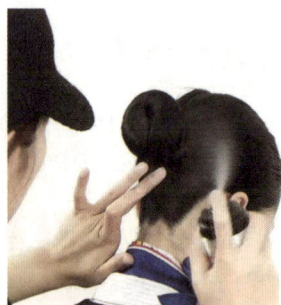

第二种盘发方式操作流程如下。

1）使用尖尾梳将头发梳通（图 5-5-9），用黑色橡皮筋固定马尾辫（图 5-5-10），高度在两耳耳尖连线处（图 5-5-11）。

2）用"OK"手势辅助旋转发尾（图 5-5-12）；将隐形发网折 2 ～ 3 层后套住发髻。

3）整理发髻形状（图 5-5-13），调整隐形发网松紧度。

图 5-5-9　马尾梳理　　　　　　　　图 5-5-10　马尾扎束

图 5-5-11　选择合适高度　　　　　　图 5-5-12　旋转发尾

4）用 U 形夹固定，竖下横插夹子固定发髻，使发髻表面不露夹子（图 5-5-14）。

5）固定好发髻，整理碎发（图 5-5-15）。

6）喷发胶喷雾定型（图 5-5-16），检查圆形发髻整体的平整度。

图 5-5-13 调整发髻形状

图 5-5-14 U 形夹固定发髻

图 5-5-15 整理碎发

图 5-5-16 发胶定型

实训练习

1. 实训内容

对照化妆技能实训操作单（表 5-5-1）的内容说明，练习两种不同圆髻发型梳理，熟练掌握梳理技巧。

表 5-5-1 圆髻发型梳理实训操作单

空中乘务专业化妆技能实训操作单			
操作内容	圆髻发型梳理		
操作地点	化妆教室	操作时间	30min
具体内容			
1.圆髻发型梳理准备 所需用品和工具：尖尾梳、黑色橡皮筋、U 形夹、发胶喷雾等			

2. 马尾梳理

1）用尖尾梳将头发梳顺，将发夹穿过皮筋做好准备；

2）头发梳理光滑后集中在两耳尖连线中心位置处，将发夹夹在马尾根部；

3）用皮筋绕紧头发，发夹穿过皮筋反方向绕，发夹夹在马尾根部；

4）用尖尾梳梳理碎发，用发胶喷雾定型

3. 圆髻盘发（一）

1）使用尖尾梳将头发梳通，用黑色橡皮筋固定马尾辫，高度在两耳耳尖连线处；

2）用 U 形夹勾起隐形发网的一端插入马尾橡皮筋内，再用隐形发网包住发尾；

3）用"OK"手势辅助旋转发尾，使第一圈留有松量，发尾紧紧缠绕皮筋处，再用第一圈头发裹住发尾；

4）用 U 形夹固定，竖下横插夹子固定发髻，使发髻表面不露夹子；

5）固定好发髻后整理碎发，喷发胶喷雾定型，检查圆髻整体的平整度

4. 圆髻盘发（二）

1）使用尖尾梳将头发梳通，用黑色橡皮筋固定马尾辫，高度在两耳耳尖连线处；

2）用"OK"手势辅助旋转发尾，将隐形发网折 2～3 层后套住发髻；

3）整理发髻形状，调整隐形发网松紧度；

4）用 U 形夹固定，竖下横插夹子固定发髻，使发髻表面不露夹子；

5）固定好发髻后整理碎发，喷发胶喷雾定型，检查圆髻整体的平整度

2. 评分标准

圆髻发型梳理评分标准如表 5-5-2 所示。

表 5-5-2　圆髻发型梳理评分标准

序号	修饰内容	考核要求	评分标准	分值
1	圆髻盘发准备	所需用品和工具准备情况	包括尖尾梳、U 形夹、黑色橡皮筋、隐形发网、发胶喷雾，每少一项扣 2 分	10
2	马尾梳理	发髻高度适中，马尾顺滑，固定牢固	1）马尾高度偏高或偏低，扣 10 分； 2）马尾松动不牢固，扣 10 分	20
3	圆髻盘发（一）	发网不露发，发包紧贴头皮，发包形状圆润饱满，圆髻外露发夹不得超过 4 个，无碎发	1）发网包裹不住发髻，扣 10 分； 2）发包形状不够圆润饱满，扣 5 分； 3）头发表面不平整，有碎发，扣 5 分； 4）圆髻发包表面露夹子或头发表面有多余夹子，扣 5～10 分； 5）发包不贴头皮，扣 5 分	35
4	圆髻盘发（二）	发网不露发，发包紧贴头皮，发包形状圆润饱满，圆髻外露发夹不得超过 4 个，无碎发	1）发网包裹不住发髻，扣 10 分； 2）发包形状不够圆润饱满，扣 5 分； 3）头发表面不平整，有碎发，扣 5 分； 4）圆髻发包表面露夹子或头发表面有多余夹子，扣 5～10 分； 5）发包不贴头皮，扣 5 分	35

3．实训评价

将实训评价结果填入表 5-5-3 中。

表 5-5-3　实训评价表

修饰内容	分值	学生自评 20%	学生互评 30%	教师评分 50%	总评 100%	扣分备注
圆髻盘发准备	10					
马尾梳理	20					
圆髻盘发（一）	35					
圆髻盘发（二）	35					
合计得分	100					

巩固复习

1．怎样正确梳理圆髻发型？
2．圆髻盘发时怎样使用 U 形夹？

任务拓展

1．分析圆髻盘发与哪类服饰搭配更相得益彰。
2．分析圆髻盘发适合塑造怎样的女性形象。

项目六
空乘人员配饰搭配

知识要点
- 了解空乘人员职业造型的配饰搭配原则。
- 熟悉丝巾与妆面的搭配。
- 熟悉甲油的搭配要求。
- 熟悉手表、饰物与妆面的搭配。

技能目标
- 掌握制服的细节搭配。
- 掌握至少五种以上的丝巾打法。
- 掌握甲油的搭配。
- 掌握手表及饰物的搭配。

任务一
空乘人员着装要求与搭配

知识目标

➤ 掌握空乘人员制服的种类。
➤ 掌握空乘人员的着装要求。

能力目标

➤ 掌握制服的搭配。
➤ 能根据不同季节选择着装。

空乘人员身穿公司制服，既代表所在公司在公众眼中的形象，又便于旅客快速识别，尤其是在紧急情况下，特定的制服能够被旅客快速识别，从而帮助空乘人员有效地组织旅客撤离。空乘人员在穿着制服时，必须保证自己的行为举止符合行业公共行为规范。制服应当时刻保持干净、整洁，穿着时能够更好地体现出空乘人员的精气神，即良好的精神风貌和鲜明的职业特征。同时，在非执勤期，除了航空公司认可的公益活动外，均不允许穿着制服进行社交活动。

一、空乘人员制服的搭配

1. 女性空乘人员制服的搭配

1）春秋装：长袖衬衫＋马甲＋裙子＋西装外套＋风衣＋丝巾＋丝袜＋皮鞋（图 6-1-1）。

2）夏装：短袖衬衫＋马甲＋裙子＋丝巾＋丝袜＋皮鞋（图 6-1-2）。

3）冬装：长袖衬衫＋马甲＋裙子（或裤子）＋西装外套＋大衣（或羽绒服）＋丝巾＋丝袜＋保暖裤（着裙子时）＋皮鞋（图 6-1-3）。

2. 男性空乘人员制服的搭配

1）春秋装：长袖衬衫＋马甲＋西裤＋西装＋领带＋领带夹＋皮带＋皮鞋（图 6-1-4）。

2）夏装：短袖衬衫＋马甲＋领带＋西裤＋领带夹＋皮带＋皮鞋（图 6-1-5）。

3）冬装：长袖衬衫＋马甲＋西裤＋西装＋大衣（或羽绒服）＋领带＋领带夹＋皮带＋皮鞋（图 6-1-6）。

图 6-1-1　女式春秋装　　　　图 6-1-2　女式夏装　　　　图 6-1-3　女式冬装

图 6-1-4　男式春秋装　　　　图 6-1-5　男式夏装　　　　图 6-1-6　男式冬装

【注意事项】

1）乘务长可以依季节变化和实际天气情况，自行决定同行组员的着装，但必须确保整个乘务组的着装统一。

2）冬季执行航班任务时，在旅客登机之前应将大衣（或羽绒服）脱下并存放好，在客舱服务全过程中不可穿大衣（或羽绒服）。

3）女性空乘人员在候机楼行走以及在客舱内迎送客时，必须穿高跟鞋。舱门预位操作完成后立即更换平底鞋，在飞机落地、解除预位操作后换回高跟鞋。

二、空乘人员着装要求

1）衬衫、马甲、裙子（或裤子）需熨烫平整，确保制服干净整洁。

2）穿着制服时，必须系好纽扣，不得如图 6-1-7 所示那样将马甲或西装敞开。

3）长袖衬衫领口、袖口的纽扣必须扣好，不得如图 6-1-8 所示那样将袖口卷起。

图 6-1-7 马甲敞开

图 6-1-8 袖口卷起

4）马甲和西装上必须佩戴铭牌，且不得佩戴其他装饰性物件。

5）衣服口袋和裤子口袋内不得放置太多零散物件，避免影响着装美观。

6）冬季着大衣（或羽绒服）时，女性空乘人员应当穿保暖袜，进入客舱后应当脱下并妥善保管；航班任务结束后，统一穿上保暖袜下飞机。

7）女性空乘人员需确保围裙干净、平整；围裙上不得有污渍、油渍。

8）空乘人员在安全示范演示和餐饮服务时应当脱下西装外套，着衬衫和马甲（女性空乘人员穿围裙）为旅客进行全程客舱服务。

9）女性空乘人员至少随身携带两双备用丝袜，当丝袜出现破损时必须及时更换。

10）空乘人员所穿皮鞋应当为公司统一发放的黑色皮鞋（图 6-1-9），应当确保皮鞋光亮、整洁，无破损。

11）男性空乘人员应按要求系好领带（图 6-1-10）。

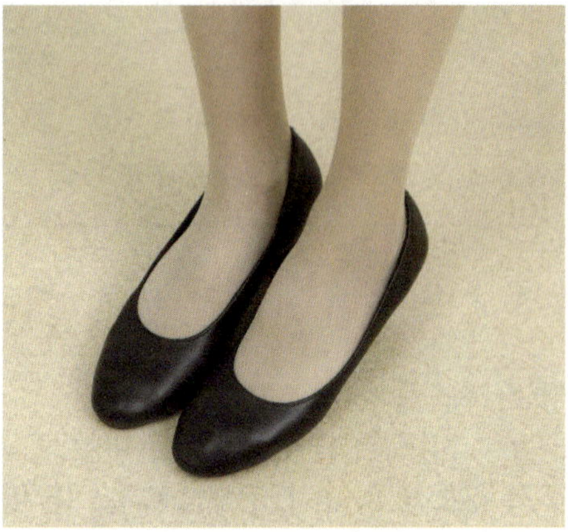

图 6-1-9　制服皮鞋

图 6-1-10　系好领带

实训练习

1. 实训内容

对照表 6-1-1 的内容，根据季节要求进行制服搭配。

表 6-1-1　着装搭配实训操作单

空中乘务专业化妆技能实训操作单			
操作内容	着装搭配		
操作地点	化妆教室	操作时间	30min
具体内容			

1. 制服准备

女性空乘人员用品：

春秋装：长袖衬衫＋马甲＋裙子＋西装外套＋风衣＋丝巾＋丝袜＋皮鞋

夏装：短袖衬衫＋马甲＋裙子＋丝巾＋丝袜＋皮鞋

冬装：长袖衬衫＋马甲＋裙子（或裤子）＋西装外套＋大衣（或羽绒服）＋丝巾＋丝袜＋保暖裤（着裙子时）＋皮鞋

男性空乘人员用品：

春秋装：长袖衬衫＋马甲＋西裤＋西装＋领带＋领带夹＋皮带＋皮鞋（图 6-1-4）

夏装：短袖衬衫＋马甲＋领带＋西裤＋领带夹＋皮带＋皮鞋（图 6-1-5）

冬装：长袖衬衫＋马甲＋西裤＋西装＋大衣（或羽绒服）＋领带＋领带夹＋皮带＋皮鞋

整体妆容造型及服装造型已经完成

续表

2. 春秋装	
女性空乘人员：	男性空乘人员：
1）长袖衬衫	1）长袖衬衫
2）马甲	2）马甲
3）裙子	3）西裤
4）西装外套	4）西装
5）风衣	5）领带
6）丝巾	6）领带夹
7）丝袜	7）皮带
8）皮鞋	8）皮鞋
3. 夏装	
女性空乘人员：	男性空乘人员：
1）短袖衬衫	1）短袖衬衫
2）马甲	2）马甲
3）裙子	3）西裤
4）丝巾	4）领带
5）丝袜	5）领带夹
6）皮鞋	6）皮带
	7）皮鞋
4. 冬装	
女性空乘人员：	男性空乘人员：
1）长袖衬衫	1）长袖衬衫
2）马甲	2）马甲
3）裙子（或裤子）	3）西裤
4）西装外套	4）西装
5）大衣（或羽绒服）	5）大衣（或羽绒服）
6）丝巾	6）领带
7）丝袜	7）领带夹
8）保暖袜（着裙子时）	8）皮带
9）皮鞋	9）皮鞋

2. 评分标准

着装搭配评分标准如表 6-1-2 所示。

表 6-1-2　着装搭配评分标准

序号	考核内容	考核要求	评分标准	分值
1	正确搭配	根据要求正确搭配	未根据季节正确选择相应的服装，扣 10 分	10
2	规范着装	按要求穿着相应的服装	1）穿着制服时，没有系好纽扣，将马甲或西装敞开，扣 5～10 分； 2）长袖衬衫领口、袖口的纽扣没有扣好，随意挽袖子，扣 5～10 分； 3）马甲和西装上没有佩戴铭牌，或佩戴其他装饰性物件，扣 5～10 分； 4）冬季着大衣（或羽绒服）时，女性空乘人员没有穿保暖袜，扣 5～10 分； 5）没有穿符合要求的黑色皮鞋，扣 10 分； 6）男性空乘人员未按要求佩戴领带，未扣好衬衫的第一颗扣子，未正确使用领带夹，扣 5～10 分	60

续表

序号	考核内容	考核要求	评分标准	分值
3	整体效果	着装符合空乘人员要求	1）衬衫、马甲、裙子（或裤子）未熨烫平整，未做到制服干净整洁，扣 5～15 分； 2）未确保皮鞋光亮、整洁，有破损，扣 5～15 分	30

3. 实训评价

将实训评价结果填入表 6-1-3 中。

表 6-1-3　实训评价表

修饰内容	分值	学生自评 20%	学生互评 30%	教师评分 50%	总评 100%	扣分备注
正确搭配	10					
规范着装	60					
整体效果	30					
合计得分	100					

巩固复习

空乘人员的着装应注意哪些事项？

任务拓展

根据职业特点，思考空乘人员的着装为什么要遵循上述要求。

任务二
丝 巾 搭 配

知识目标

➤ 掌握空乘人员丝巾与制服的搭配。
➤ 掌握空乘人员丝巾的几种打法。

能力目标

➤ 能正确打各种丝巾。

一、丝巾与制服搭配的要求

1）要时刻保持丝巾颜色鲜艳，干净整洁，熨烫平整（图6-2-1）。

2）丝巾应无褪色、抽丝（图6-2-2），若有褪色、抽丝等情况，需要及时更换。

3）进行餐饮服务时可以不佩戴丝巾，服务结束后应重新佩戴丝巾。

图6-2-1　丝巾熨烫平整

图6-2-2　无褪色、抽丝

二、六种常见丝巾的打法

1. 三叶草打法

三叶草造型如图6-2-3和图6-2-4所示。

三叶草打法

图6-2-3　三叶草造型正面

图6-2-4　三叶草造型侧面

步骤一：选取一款小号丝巾铺平整（图 6-2-5），将丝巾反面朝上对折成三角形（图 6-2-6）。

图 6-2-5　丝巾平整

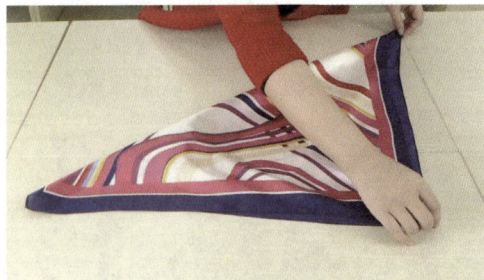

图 6-2-6　对折成三角形

步骤二：将直角往下折（图 6-2-7），将丝巾折成三指宽度（图 6-2-8）。

图 6-2-7　向下翻折

图 6-2-8　三指宽度

步骤三：将丝巾绕于脖颈上，使一头长一头短。

步骤四：长头围绕短头打结（图 6-2-9）。

图 6-2-9　绕于颈部打结

步骤五：将下端的丝巾下摆打开（图 6-2-10），从底部往上打折。

步骤六：将另外一端绕过中间进行打结（图 6-2-11）。

图 6-2-10　下摆打开

图 6-2-11　下摆上折打结

步骤七：整理整体造型即可（图 6-2-12）。

图 6-2-12　整理造型

2. 百褶花打法

百褶花造型如图 6-2-13 和图 6-2-14 所示。

百褶花打法

图 6-2-13　百褶花造型正面

图 6-2-14　百褶花造型侧面

百褶花造型需要用到大号丝巾和黑色橡皮筋（图 6-2-15）。

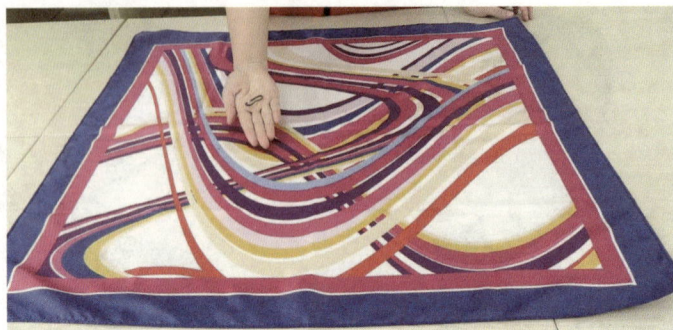

图 6-2-15　大号丝巾及黑色皮筋

步骤一：将丝巾反面朝上，对折叠成三角。

步骤二：将第一层以"之"字形折叠（图 6-2-16），宽度以四指为宜。

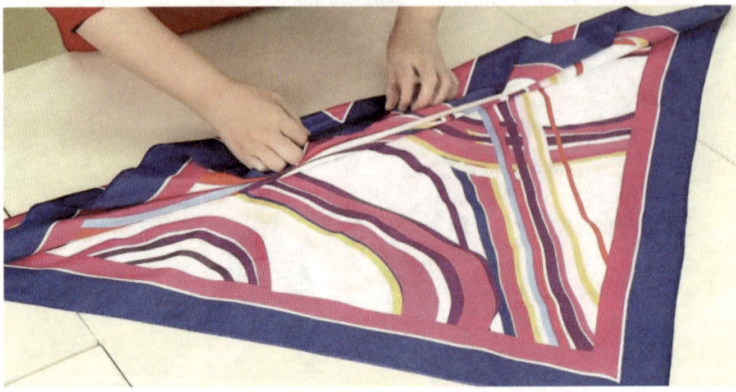

图 6-2-16　对折单面"之"字形折叠

步骤三：将丝巾翻过来，用同样的方法进行"之"字形折叠（图 6-2-17）。

图 6-2-17　另一面"之"字形折叠

步骤四：选中间位置，推出百褶（图 6-2-18）。

图 6-2-18　推出百褶

步骤五：推出百褶后用橡皮筋加以固定，将花瓣一层一层打开（图 6-2-19）。

图 6-2-19　固定后打开花瓣

步骤六：调整完花型后，将丝巾花朵面朝外佩戴，在颈后打结（图 6-2-20）。

图 6-2-20　绕于颈部打结

3. 玫瑰花打法

玫瑰花造型如图 6-2-21 和图 6-2-22 所示。

图 6-2-21　玫瑰花造型正面

图 6-2-22　玫瑰花造型侧面

步骤一：选择一款小号丝巾（图 6-2-23）。

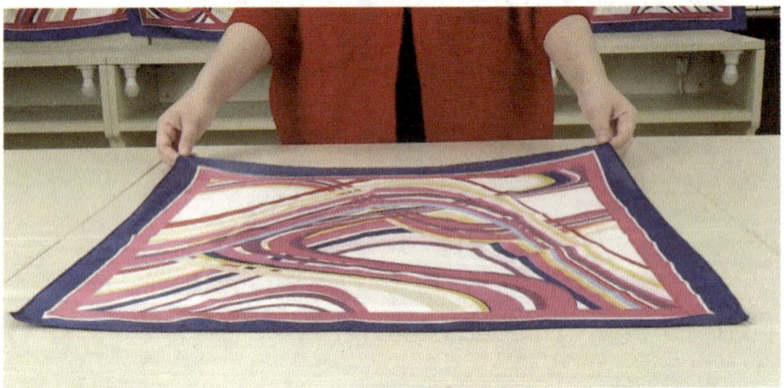

图 6-2-23　小款丝巾

步骤二：丝巾反面朝上（图 6-2-24），将两个对角打结固定（图 6-2-25）。

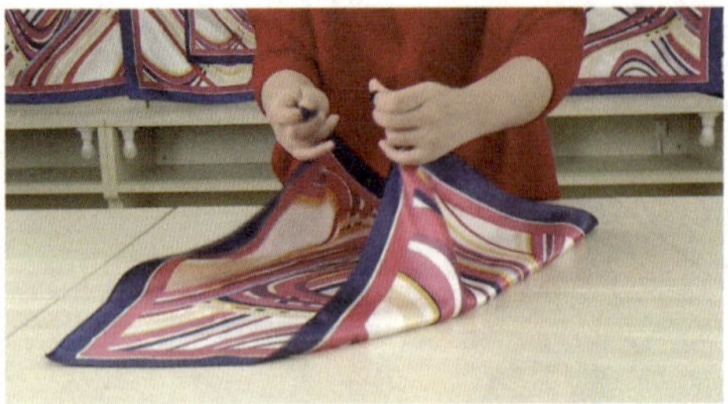

图 6-2-24　反面朝上

图 6-2-25　对角打结

步骤三：将另外两个角交叉通过（图 6-2-26）。

图 6-2-26　对角交叉通过

步骤四：一手捏住两个角，另一只手轻轻拍压（图 6-2-27），调整花朵（图 6-2-28），直至一朵玫瑰花成型。

图 6-2-27　拍打轻压

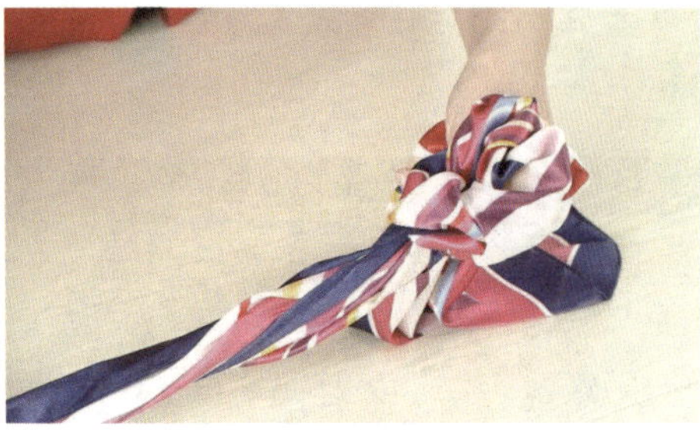

图 6-2-28　调整花朵

步骤五：佩戴之前，先将多余的丝巾缠绕（图 6-2-29），可以显得脖子更加修长。

图 6-2-29　绕于颈部打结

4. 牛仔结打法

牛仔结造型如图 6-2-30 和图 6-2-31 所示。

图 6-2-30　牛仔结造型正面

图 6-2-31　牛仔结造型侧面

步骤一：选用一款大号丝巾，将丝巾反面朝上摊开（图 6-2-32），对折成三角形（图 6-2-33）。

图 6-2-32　摊开丝巾

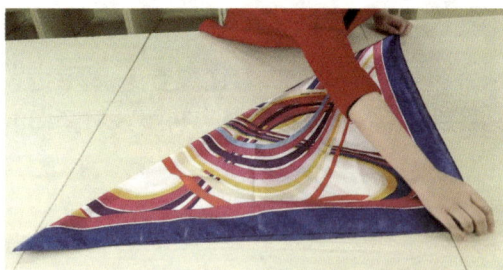

图 6-2-33　对折成三角形

步骤二：从左往右再次折叠（图 6-2-34）。

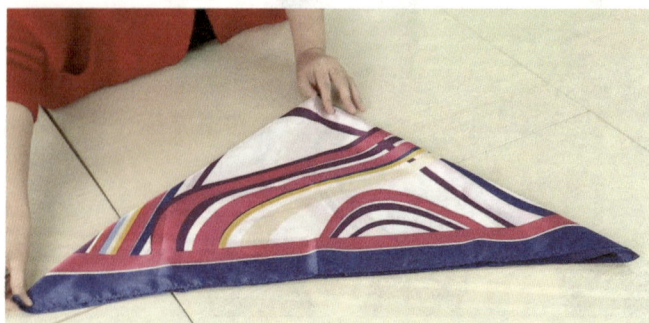

图 6-2-34　再次折叠

步骤三：将光边的这一面向上折叠（图 6-2-35），稍做移动，形成两个三角形（图 6-2-36）。

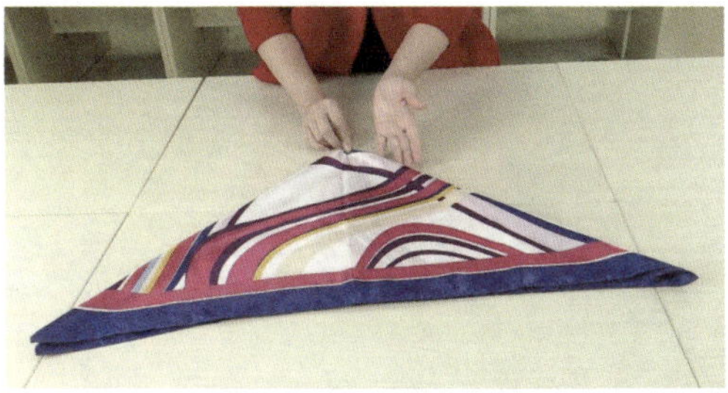

图 6-2-35　光面向上折叠

图 6-2-36　移动形成两个三角形

步骤四：佩戴前，将衣领翻起（图 6-2-37），在衣领后将丝巾打结（图 6-2-38），稍做造型整理即可。

图 6-2-37　翻起衣领

图 6-2-38　丝巾打结

5. 扇形花打法

扇形花造型如图 6-2-39 和图 6-2-40 所示。

图 6-2-39　扇形花造型正面

图 6-2-40　扇形花造型侧面

步骤一：准备好一款大号丝巾和黑色橡皮筋（图6-2-41），将丝巾反面朝上，折成三角形（图6-2-42）。

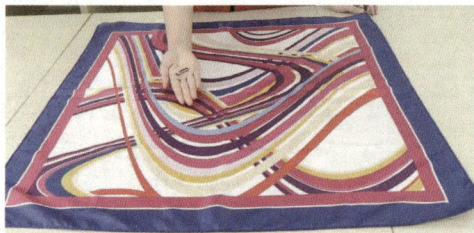

图 6-2-41　大号丝巾和皮筋

图 6-2-42　对折成三角形

步骤二：选择丝巾的一边进行推百褶（图6-2-43），这里的百褶可以适当地小一些。

图 6-2-43　推出百褶

步骤三：推百褶时可以留一点小尾巴，作为花朵的配叶（图6-2-44）。

图 6-2-44　留出余量做配叶

步骤四：在尾部用橡皮筋加以固定，并拉开花型（图6-2-45）。

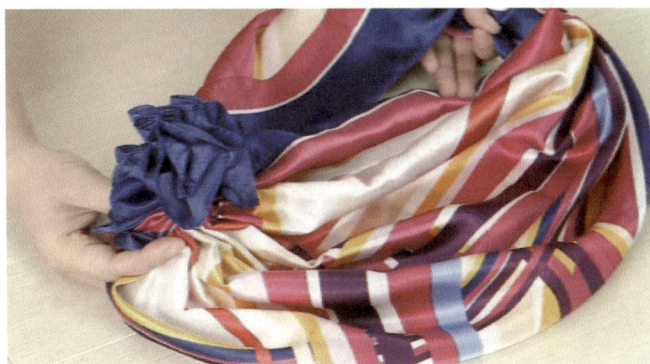

图 6-2-45 皮筋固定并拉出花型

步骤五：佩戴丝巾，将花瓣打开，并整理旁边的扇形（图 6-2-46）。

图 6-2-46 绕于颈部打结并整理

6. 蝴蝶结打法

蝴蝶结造型如图 6-2-47 和图 6-2-48 所示。

图 6-2-47 蝴蝶结造型正面

图 6-2-48 蝴蝶结造型侧面

步骤一：选择一款大号丝巾，将丝巾反面朝上对折成三角形（图6-2-49）。

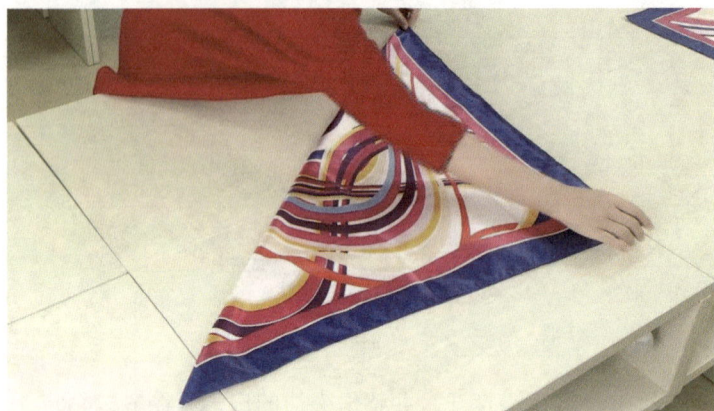

图 6-2-49　对折成三角形

步骤二：将丝巾的一角向下折叠（图6-2-50），使丝巾折出三指宽的样子（图6-2-51）。

图 6-2-50　向下折叠　　　　　　　　　图 6-2-51　呈三指宽度

步骤三：佩戴时，保持丝巾一长一短进行打结（图6-2-52和图6-2-53）。

图 6-2-52　绕于颈部　　　　　　　　　图 6-2-53　打结

步骤四：保持中间结头处平整，稍做整理（图6-2-54），蝴蝶结就打好了。

图 6-2-54 整理蝴蝶结

实训练习

1. 实训内容

对照表 6-2-1 的内容，独立完成六个完整的丝巾花结设计。

表 6-2-1 丝巾花结设计实训操作单

空中乘务专业化妆技能实训操作单			
操作内容	丝巾花结设计		
操作地点	化妆教室	操作时间	30min
具体内容			

1. 化妆准备
所需用品：大丝巾、小丝巾、皮筋
整体妆容造型及服装造型已经完成

2. 三叶草打法
准备好所需要的小号丝巾：
1）将丝巾反面朝上对折成三角形；
2）将直角往下折，将丝巾折成三指宽度；
3）将丝巾绕于脖颈上，长头围绕短头打结；
4）将下端的丝巾下摆打开，从底部往上打折，将上端绕过中间进行打结；
5）整理整体造型

3. 百褶花打法
准备好所需要的大号丝巾和黑色橡皮筋：
1）将丝巾反面朝上，对折叠成三角，将第一层以"之"字形折叠，宽度以四指为宜；
2）将丝巾翻过来，用同样的方法进行"之"字形折叠；
3）选中间位置，推出百褶；
4）推出百褶后用橡皮筋加以固定，将花瓣一层一层打开；
5）调整完花型后，将丝巾花朵面朝外佩戴，在颈后打结

4. 玫瑰花结打法

准备好所需要的小号丝巾：

1) 反面朝上，将两个对角打结固定；

2) 将另外两个角交叉通过；

3) 一手捏住两个角，另一只手轻轻拍压，调整花朵，直至一朵玫瑰花成型；

4) 佩戴之前，先将多余的丝巾缠绕

5. 牛仔结打法

准备好所需要的大号丝巾：

1) 选用一款丝巾，将丝巾反面朝上，对折成三角形；

2) 从左往右再次折叠；

3) 将光边的这一面向上折叠，稍做移动，形成两个三角形；

4) 佩戴前，将衣领翻起，在衣领后将丝巾打结，稍做造型整理

6. 扇形花打法

准备好所需要的大号丝巾：

1) 将丝巾反面朝上，折成三角形；

2) 选择丝巾的一边进行推百褶，这里的百褶可以适当地小一些；

3) 推百褶时可以留一点小尾巴，作为花朵的配叶；

4) 在尾部用橡皮筋加以固定，并拉开花型；

5) 佩戴丝巾，将花瓣打开，并整理旁边的扇形

7. 蝴蝶结打法

准备好所需要的大号丝巾：

1) 将丝巾反面朝上对折成三角形；

2) 将丝巾的一角向下折叠，使丝巾折出三指宽的样子；

3) 佩戴时，保持丝巾一长一短进行打结；

4) 保持中间结头处平整，稍做整理

2. 评分标准

丝巾花结设计评分标准如表 6-2-2 所示。

表 6-2-2　丝巾花结设计评分标准

序号	考核内容	考核要求	评分标准	分值
1	产品合适	根据所设计的花结选择合适的丝巾及其他工具	1) 未能根据造型选择大小合适的丝巾，扣 5 分； 2) 丝巾熨烫不整洁，扣 5 分；	10
2	造型动作	按要求完成每种花结的正确打法	1) 三叶草打法不正确，扣 10 分； 2) 百褶花打法不正确，扣 10 分； 3) 玫瑰花打法不正确，扣 10 分； 4) 牛仔结打法不正确，扣 10 分； 5) 扇形花打法不正确，扣 10 分； 6) 蝴蝶结打法不正确，扣 10 分	60

续表

序号	考核内容	考核要求	评分标准	分值
3	整体效果	与发型、脸型及个人气质相符合	1) 花型不美观,扣 10 分; 2) 有污渍及破损,扣 10 分; 3) 遮挡铭牌,扣 10 分	30

3. 实训评价

将实训评价结果填入表 6-2-3 中。

表 6-2-3 实训评价表

修饰内容	分值	学生自评 20%	学生互评 30%	教师评分 50%	总评 100%	扣分备注
产品合适	10					
造型动作	60					
整体效果	30					
合计得分	100					

巩固复习

1. 不同尺寸的大小丝巾分别适合打哪种花结?
2. 打不同的丝巾花结分别有哪些注意事项?

任务拓展

1. 根据自己的气质判断自己适合哪种丝巾花结。
2. 尝试其他的丝巾花结打法。

任务三
甲 油 搭 配

知识目标

➤ 掌握空乘人员手部及指甲要求。
➤ 熟悉空乘人员允许涂染的甲油颜色。

能力目标

➤ 能选用合适的甲油修饰指甲。

一、空乘人员手部及指甲的要求

1）空乘人员的手和指甲应保持干净，指甲修剪整洁。

2）手部不得出现干燥蜕皮的现象（图 6-3-1）。

3）指甲缝内不得留有污物。

4）染色指甲长度不超过指尖 3mm，不染色指甲长度不超过指尖 2mm（图 6-3-2）。

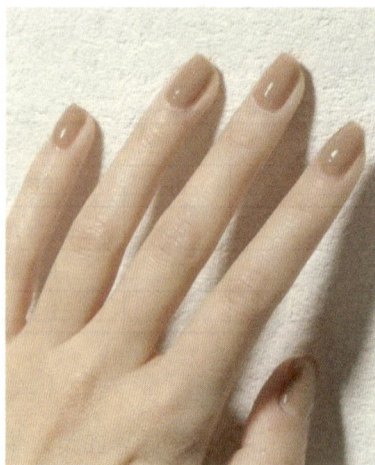

图 6-3-1　手部干净无蜕皮　　　　　图 6-3-2　指甲标准长度

5）男性空乘人员不得涂染甲油（包括护甲油）。

二、空乘人员指甲修饰标准

1）空乘人员涂染指甲油，应当保持双手指甲油完整，不得出现颜色不统一（图 6-3-3）和斑驳脱落（图 6-3-4）的现象。

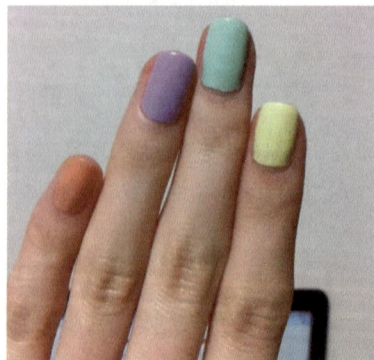

图 6-3-3　甲油颜色不统一　　　　　图 6-3-4　甲油斑驳脱落

2）空乘人员可用的指甲油颜色主要为透明色（图 6-3-5）、肉色（图 6-3-6）、浅粉色（图 6-3-7）、正红色（图 6-3-8）、玫红色（图 6-3-9）、橘红色（图 6-3-10），具体颜色的选择应根据不同航空公司的要求来确定。

图 6-3-5　透明色

图 6-3-6　肉色

图 6-3-7　浅粉色

图 6-3-8　正红色

图 6-3-9　玫红色

图 6-3-10　橘红色

3）指甲油只可涂一色，甲油质地为漆光，严禁使用荧光色、法式、磨砂色、渐变色（图6-3-11）。

图 6-3-11　严禁使用荧光色、法式、磨砂色、渐变色

4）不得用亮片或装饰物修饰指甲（图6-3-12）。

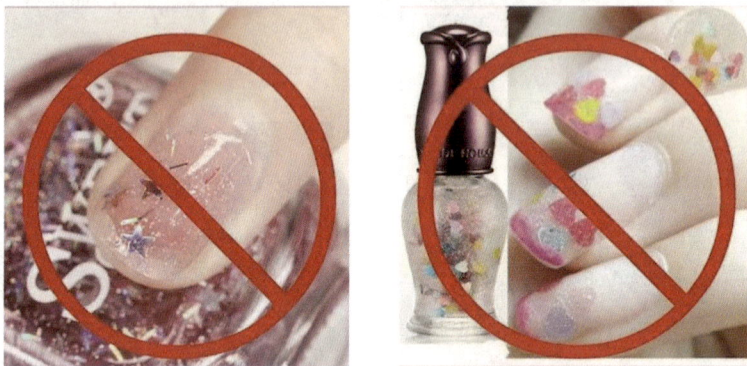

图 6-3-12　不得用亮片或装饰物修饰指甲

实训练习

1. 实训内容

对照表6-3-1的内容，独立完成手部护理及指甲修饰。

表 6-3-1　手部护理及指甲修饰实训操作单

空中乘务专业化妆技能实训操作单			
操作内容	手部护理及指甲修饰		
操作地点	化妆教室	操作时间	30min
具体内容			

1. 化妆准备
所需用品：护手霜、指甲钳套装、甲油（规定的颜色）、卸甲水、化妆棉
整体妆容造型及服装造型已经完成

续表

2. 手部护理
结合项目二所学内容，做好手部护理：
1）清洁双手；
2）去除死皮；
3）涂抹护手霜
3. 修剪指甲
1）修剪指甲长度；
2）修剪指甲形状；
3）修剪指甲边缘死皮
4. 修饰指甲
1）涂指甲油；
2）清洁指甲周围

2. 评分标准

手部护理及指甲修饰评分标准如表 6-3-2 所示。

表 6-3-2　手部护理及指甲修饰评分标准

序号	考核内容	考核要求	评分标准	分值
1	手部护理	根据要求使用相关用品和工具进行手部的清洁护理	1）手和指甲未保持干净，扣 5 分； 2）手部出现干燥蜕皮的现象，扣 5 分	10
2	修剪指甲	按要求的长度修剪指甲	1）指甲没有修剪整洁，扣 10 分； 2）染色指甲长度超过指尖 3mm，不染色指甲长度超过指尖 2mm，扣 20 分； 3）指甲缝内留有污渍，扣 10 分	40
3	修饰指甲	选择正确的颜色完整涂色	1）可用的指甲油颜色主要为透明、肉色、浅粉色、正红色、玫红色、橘红色，颜色不正确扣 10 分； 2）未能保持双手指甲油完整、颜色统一，出现斑驳脱落的现象，最多扣 20 分； 3）甲油涂多色，使用荧光色、法式、磨砂色、渐变色，最多扣 10 分； 4）用亮片或装饰物修饰指甲，最多扣 10 分	50

3. 实训评价

将实训评价结果填入表 6-3-3 中。

表 6-3-3　实训评价表

修饰内容	分值	学生自评 20%	学生互评 30%	教师评分 50%	总评 100%	扣分备注
手部护理	10					
修剪指甲	40					
修饰指甲	50					
合计得分	100					

巩固复习

1．空乘人员手部的注意事项有哪些？
2．空乘人员指甲的注意事项有哪些？

任务拓展

根据职业特点，结合甲油涂抹步骤，完成浅色系甲油涂抹。

任务四
手表及其他饰物搭配

知识目标

➤ 掌握空乘人员手表及其他饰物佩戴的基本要求。
➤ 熟悉各类饰物的搭配限制。

能力目标

➤ 能正确佩戴手表和其他各类饰物。

一、空乘人员手表佩戴要求

手表可以让人迅速地了解和掌握时间，在日常生活中能让人产生较强的时间观念，在工作中能够让人合理地进行统筹规划。同时，手表也能够作为饰品来搭配衣服，从而提升一个人的整体气质。对于空乘人员来说，当遇到分秒必争的紧急情况时，更需要借助手表的帮助。因此，每个空乘人员在执行航班任务时都必须佩戴一块简洁、大方、刻度明显的手表。手表的佩戴有以下要求。

1）手表的表带须为银色钢质表带（图6-4-1）或黑/棕色皮质表带（图6-4-2和图6-4-3），其他颜色不允许，如粉色（图6-4-4）。

图 6-4-1　银色钢质表带　　　　图 6-4-2　黑色皮质表带　　　图 6-4-3　棕色皮质表带

2）表带宽度不超过2cm，表盘直径不得超过5cm。

3）手表款式简洁，不得有宝石装饰；表盘形状仅限圆形、方形、椭圆形、长方形。

4）手表必须有时针、分针、秒针刻度，刻度清晰，走时精准，确保有电，不允许使用三针不齐全（图6-4-5）的手表。

图 6-4-4　粉色表带　　　　　　　　　图 6-4-5　三针不齐全

5）禁止佩戴卡通（图6-4-6）、工艺、广告等形态夸张的手表，不得佩戴电子表（图6-4-7），不得在制服上挂怀表。

图 6-4-6　卡通手表

图 6-4-7　电子表

二、空乘人员其他饰物佩戴要求

1. 眼镜

空乘人员执行航班任务时不得佩戴框架眼镜（图 6-4-8），但可以佩戴用来矫正视力的隐形眼镜。严禁佩戴彩色隐形眼镜（图 6-4-9）。

图 6-4-8　框架眼镜

图 6-4-9　彩色隐形眼镜

2. 耳钉

1）仅限圆形珍珠耳钉、钻石耳钉，直径不得超过 5mm。

2）耳钉颜色仅限白色、米白色、贝壳色、淡粉色。

3）左右耳垂各佩戴一枚耳钉，同一侧耳朵上不得佩戴多枚耳钉（包括插塑料棒等）（图 6-4-10）。

4）男性空乘人员禁止佩戴耳钉、耳环（图6-4-11）。

图6-4-10 多枚耳钉

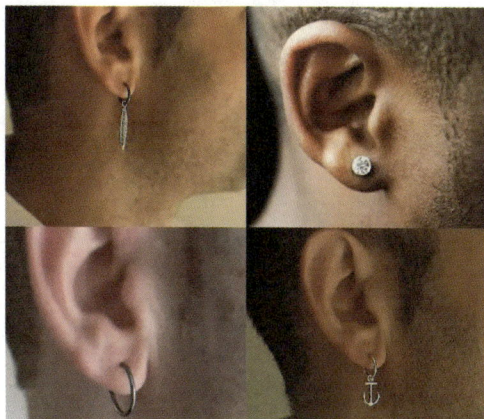

图6-4-11 男士耳钉、耳环

3. 项链

1）可以佩戴一条项链，并且需置于衬衫衣内，不得外露。
2）不得佩戴红绳挂件。

4. 戒指

1）只能佩戴一枚细戒，材质仅限金或银（图6-4-12），宽度不得超过5mm。
2）允许佩戴全嵌入式钻戒，但不得佩戴有凸出装饰物的戒指（图6-4-13）。

图6-4-12 金银材质细戒

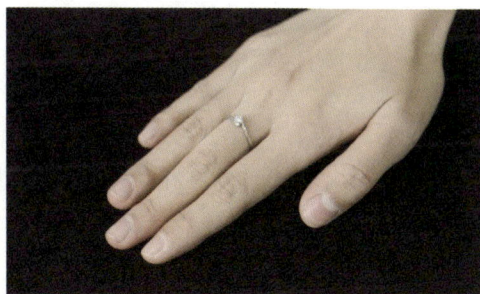

图6-4-13 有凸出装饰物的戒指

3）戒指仅限佩戴在中指或无名指上。

此外，空乘人员的手腕及脚踝上不得佩戴手镯（图6-4-14）、红绳（图6-4-15）、手链（图6-4-16）、脚链、佛珠（图6-4-17）、护身符等饰物。空乘人员在执行航班任务期间不得佩戴用来矫正牙齿的牙套、牙箍。

图 6-4-14　手镯

图 6-4-15　红绳

图 6-4-16　手链

图 6-4-17　佛珠

实训练习

1. 实训内容

对照表 6-4-1 的内容，独立完成手表及其他饰物搭配。

表 6-4-1　手表及其他饰物搭配实训操作单

空中乘务专业化妆技能实训操作单			
操作内容	手表及其他饰物搭配		
操作地点	化妆教室	操作时间	20min
具体内容			
1. 化妆准备 所需用品：手表、眼镜、耳钉、项链、戒指 整体妆容造型及服装造型已经完成			

2. 手表

1）手表的表带须为银色钢质表带或黑/棕色皮质表带，其他颜色不允许；

2）表带宽度不超过 2cm，表盘直径不得超过 5cm；

3）手表款式简洁，不得有宝石装饰；表盘形状仅限圆形、方形、椭圆形、长方形；

4）手表必须有时针、分针、秒针刻度，刻度清晰，走时精准，不允许使用三针不齐全的手表；

5）禁止佩戴卡通、工艺、广告等形态夸张的手表，不得佩戴电子表，不得在制服上挂怀表

3. 眼镜

1）执行航班任务时不得佩戴框架眼镜；

2）可以佩戴用来矫正视力的隐形眼镜；

3）严禁佩戴彩色隐形眼镜

4. 耳钉

1）仅限圆形珍珠耳钉、钻石耳钉，直径不得超过 5mm；

2）耳钉颜色仅限白色、米白色、贝壳色、淡粉色；

3）左右耳垂各佩戴一枚耳钉，同一侧耳朵上不得佩戴多枚耳钉（包括插塑料棒等）；

4）男性空乘人员禁止佩戴耳钉、耳环

5. 项链

1）可以佩戴一条项链，并且需置于衬衫衣内，不得外露；

2）不得佩戴红绳挂件

6. 戒指

1）只能佩戴一枚细戒，材质仅限金或银，宽度不得超过 5mm；

2）允许佩戴全嵌入式钻戒，但不得佩戴有凸出装饰物的戒指；

3）戒指仅限佩戴在中指或无名指上

2. 评分标准

手表及饰物搭配评分标准如表 6-4-2 所示。

表 6-4-2 手表及饰物搭配评分标准

序号	考核内容	考核要求	评分标准	分值
1	手表	选择正确的手表佩戴	1）手表的表带须为银色钢质表带或黑/棕色皮质表带，若用其他颜色，扣 5 分； 2）表带宽度不超过 2cm，表盘直径不得超过 5cm，超过扣 5 分； 3）手表款式复杂，有宝石装饰，表盘形状非圆形、方形、椭圆形、长方形中的一种，最多扣 5 分； 4）手表必须有时针、分针、秒针刻度，刻度清晰，走时精准，确保有电，使用三针不齐全的手表，扣 10 分； 5）佩戴卡通、工艺、广告等形态夸张的手表或电子表，最多扣 5 分	30

续表

序号	考核内容	考核要求	评分标准	分值
2	眼镜	选择正确的隐形眼镜佩戴	1）佩戴框架眼镜，扣5分； 2）佩戴彩色隐形眼镜，扣5分	10
3	耳钉	选择正确的耳钉佩戴	1）非圆形珍珠耳钉或钻石耳钉，直径超过5mm，扣10分； 2）耳钉颜色仅限白色、米白色、贝壳色、淡粉色，其他颜色扣10分； 3）左右耳垂各佩戴一枚耳钉，同一侧耳朵上不得佩戴多枚耳钉（包括插塑料棒等），男性空乘人员禁止佩戴耳钉、耳环，违者扣10分	30
4	项链	选择正确的项链佩戴	项链需置于衬衫衣内，不得外露，不得佩戴红绳挂件，违者最多扣10分	10
5	戒指	选择正确的戒指佩戴	1）佩戴一枚细戒，材质仅限金或银，宽度不得超过5mm，每项5分，违者最多扣10分； 2）允许佩戴全嵌入式钻戒，但不得佩戴有凸出装饰物的戒指，否则扣5分； 3）戒指未佩戴在中指或无名指上，扣5分	20

3. 实训评价

将实训评价结果填入表6-4-3中。

表6-4-3 实训评价表

修饰内容	分值	学生自评20%	学生互评30%	教师评分50%	总评100%	扣分备注
手表	30					
眼镜	10					
耳钉	30					
项链	10					
戒指	20					
合计得分	100					

巩固复习

1. 适合空乘人员的手表要符合哪些条件？
2. 空乘人员佩戴首饰有哪些要求？

任务拓展

思考空乘人员所佩戴的手表为什么要符合上述要求。

知识要点

- 了解空乘人员职业妆容造型的发展演变。
- 掌握现代空乘人员职业妆容的特点。
- 熟悉妆容造型所需的必要用品和工具。

技能目标

- 能依据不同妆型特点塑造脸部妆容。
- 能依据头发长短梳理好发髻。

空乘人员是各大航空公司在客舱中为旅客服务的一线工作人员，也是一道亮丽的风景线，是航空公司的服务名片和门面。一般而言，人们对空乘人员的印象都是笑容甜美、身形修长、待人友善、接物得体。可见，形象端庄大方，职业妆容精致，富有亲和力，是空乘人员应该具备的职业形象。

航空公司会根据空乘制服的颜色和款式来设计相应的职业妆容。女性空乘人员执行航班穿着公司制服时应该按照公司规定的职业妆容来化妆。空乘人员职业妆容的基本要求是亮丽、细致、精神饱满。

适度的化妆是自尊与尊人的表现，这在服务行业中特别重要。工作中的化妆应以淡雅、庄重、自然、协调为宜。化妆要遵循一定的原则，就是妆容应与个人的皮肤、年龄相适应，妆容的浓淡要与时间、场合、身份相协调。应注意不能当众化妆，在执行航班过程中发现妆面残缺要及时补妆。空乘人员的妆容应与其职业身份、精神面貌相协调，绝不应因离奇出众、有意脱离自己的角色定位而让自己的妆容出格。避免过于浓烈和夸张的妆容，化妆的色彩搭配以航空公司内部的相关规定为准。

本项目选取了三个经典的空乘人员妆容造型供参考和练习。

任务一
时尚简约大地色系妆容塑造

知识目标

➢ 熟悉时尚简约大地色系妆容的设计理念。
➢ 掌握大地色系妆容的色卡和化法。

能力目标

➢ 能按照要求，独立完成大地色系妆容造型。
➢ 能根据自身特点，扬长避短，使妆容得体、精致，突出个人气质。
➢ 能按照职业需求及时补妆。

一、化妆产品和工具准备

时尚简约大地色系妆容的化妆产品和工具如图 7-1-1 所示。

1）底妆产品：隔离霜、妆前乳、粉底液、粉饼、定妆喷雾。
2）眼妆产品：深棕色眼影、棕橘色眼影、香槟色眼影、提亮色眼影（闪粉）、黑色眼线液／膏、黑色眼线胶笔、黑色睫毛膏。

　　3）眉毛产品：棕色／深棕色／深灰色的眉笔（眉粉、眉形修正组合）。

　　4）腮红产品：亮粉色、浅桃色腮红。

　　5）唇妆产品：正红色口红、正红色唇线笔。

　　6）各类化妆工具：斜形海绵、棉签、粉扑、各类化妆刷、睫毛夹、眉剪、修眉刀等。

图 7-1-1　时尚简约大地色系妆容化妆产品和工具

二、时尚简约大地色系妆容的设计理念

　　时尚简约大地色系妆容（图 7-1-2）的灵感来源于中国风，在干净、白皙的底妆基础上，运用大地色眼影（图 7-1-3）打造眼部立体感，使双眼更深邃。搭配象征柔美、高贵的女性韵味的腮红（图 7-1-4）和红唇（图 7-1-5）是该妆容的点睛之笔。

图 7-1-2　大地色系妆容

图 7-1-3　大地色眼影

图 7-1-4 腮红

图 7-1-5 红唇

三、时尚简约大地色系妆容的色卡

1）底妆：根据自身肤色选择合适的产品和色号（图 7-1-6），上妆前必须做好打底。

妆前乳　　　　　　　粉底液　　　　　　　粉饼

图 7-1-6 底妆产品

2）腮红：选择适合大地色系妆容的腮红（图 7-1-7）。

亮粉色腮红　　　　　　　　浅桃色腮红

图 7-1-7 腮红产品

3）眼妆：选择大地色系眼影粉或眼影膏以及眼线液／膏和睫毛膏（图 7-1-8 和图 7-1-9）。

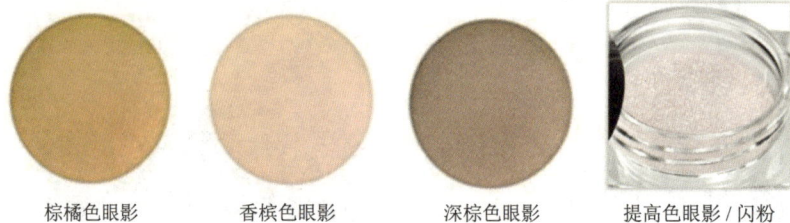

棕橘色眼影　　香槟色眼影　　深棕色眼影　　提高色眼影／闪粉

图 7-1-8　大地色系眼影

黑色眼线　　　睫毛膏

图 7-1-9　其他眼妆产品

4）眉毛：选择适合自身肤色及发色的眉粉或眉笔（图 7-1-10）。

5）唇妆：选择正红色口红（图 7-1-11）。

棕色、深棕色、黑色的眉笔／眉粉／眉形修正笔　　眉线笔

图 7-1-10　眉粉和眉笔

图 7-1-11　正红色口红

【注意事项】

上述色卡为标准颜色，需根据各彩妆品牌产品特性合理使用，确保妆容呈现效果符合色卡规定。

四、时尚简约大地色系妆容造型步骤

1. 底妆

化妆前先确保已经完成了护肤三部曲，即洁肤、爽肤、润肤，然后就可以开始上妆的程序了。一个专业的底妆，妆前很重要。由于工作性质的关系，空乘人员需要长时间带妆，且高空紫外线、干燥的客舱工作环境等对皮肤有一定伤害，所以，底妆部分首先使用双重防晒隔离霜和妆前乳隔离彩妆，使底妆服帖而持久（图7-1-12）。具体用法如下：取黄豆大小的量以打圈的方式均匀涂抹于整脸，由内向外轻轻推开，带过发际线、上眼睑、唇部周围、下颚。

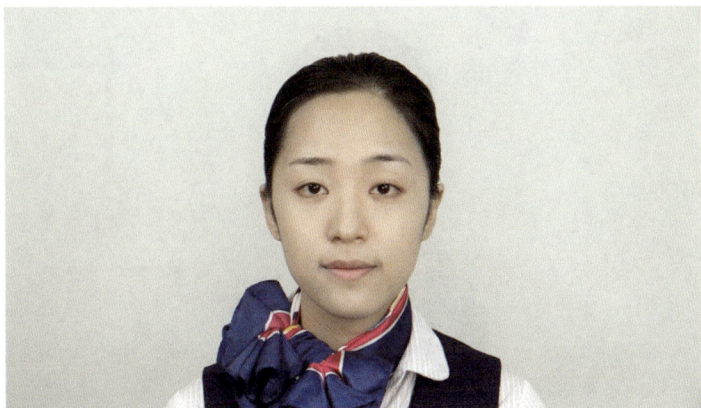

图 7-1-12　涂隔离霜和妆前乳

根据自己的肤色和肤质选择合适的粉底液，打造完美无瑕的肌肤，使妆容精致持久（图7-1-13）。使用斜形海绵，将适量粉底液挤于海绵上，以按压的方式，从两颊处开始，往下颌线和发际线处推开。多余的液体用海绵或刷子涂抹于T区。海绵边缘的部分可以用来按压鼻翼两侧和细小部位。唇部周围也可轻轻按压，为之后的唇妆奠定基础。

根据自己的肤色选择合适的两用粉饼定妆，定妆能使妆容更持久（图7-1-14）。用粉扑蘸取粉饼，以由下往上、由外向内的方式，从下颌线往脸颊处均匀上粉。不要忽略发际线、下颚、唇部边缘的修饰。眼部周围定妆粉不宜过多，可以将粉扑对折，轻轻按压下眼睑及鼻翼两侧。最后，用粉扑上剩下的粉带过耳朵、脖子。

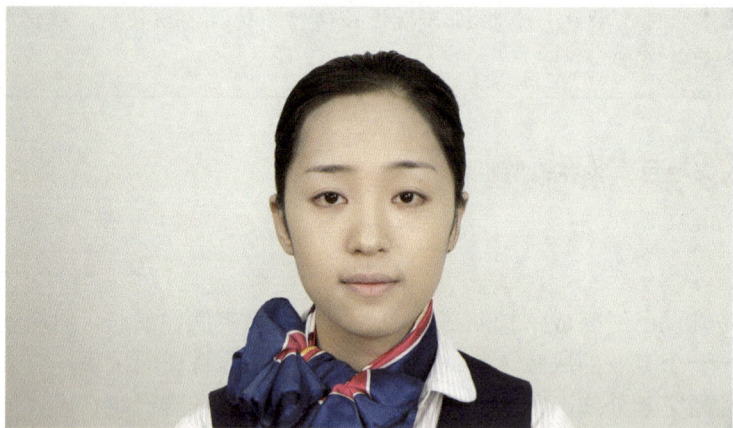

图 7-1-13　涂粉底液

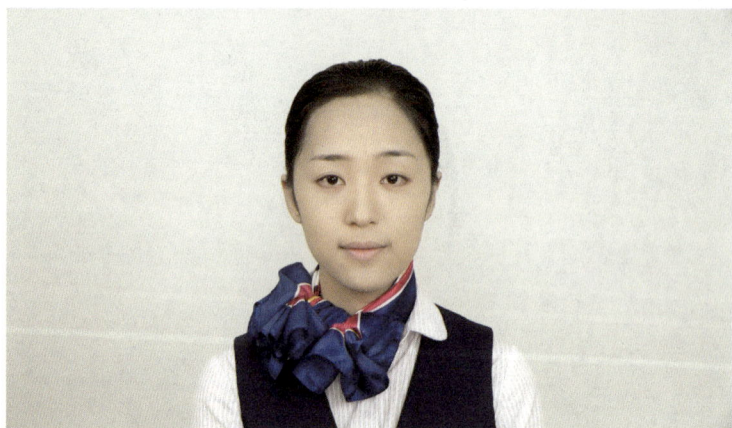

图 7-1-14　散粉定妆

底妆部分完成后，进入彩妆部分。

2. 腮红

选用浅桃色和亮粉色两款腮红共同打造复合式腮红。首先通过浅桃色腮红突出脸部轮廓的立体感，之后加上亮粉色腮红使气色看起来更好。先将浅桃色腮红以斜打的方式，从耳根处起笔，随着颧骨下陷处轻轻往前涂抹，再在笑肌处用按压的方式涂抹亮粉色腮红。亮粉色腮红和浅桃色腮红能很好地融合在一起，使脸部看起来既立体，又有好气色（图 7-1-15）。

图 7-1-15　涂腮红

3. 眼影

　　选用大地色系的三个深浅不同的眼影颜色打造眼部立体感。深棕色眼影用于眼尾和下眼睑，香槟色眼影用于眼头，棕橘色眼影用于眼皮中央过渡。先取少量深棕色眼影，搭配眼影刷，在眼尾 2/3 处着色，以按压的方式上妆，边缘向眉弓骨上方过渡。再用另一把眼影刷将香槟色眼影平涂于眼头 1/3 处，同样采用按压的方式，与深棕色眼影完美结合，边缘可以用手指涂抹过渡。棕橘色是偏暖色调的棕色，是眼影的第三色。最后，搭配眼影刷，将棕橘色眼影按压在眼部中央，与其余两个颜色的眼影过渡。上眼睑上妆完成后，下眼睑的部分还是选用深棕色眼影。在下眼睑眼尾 1/3 处，紧贴睫毛根部用深棕色眼影晕染，使上下眼睑呼应（图 7-1-16）。整个眼影部分要求颜色之间过渡自然，无明显界限。

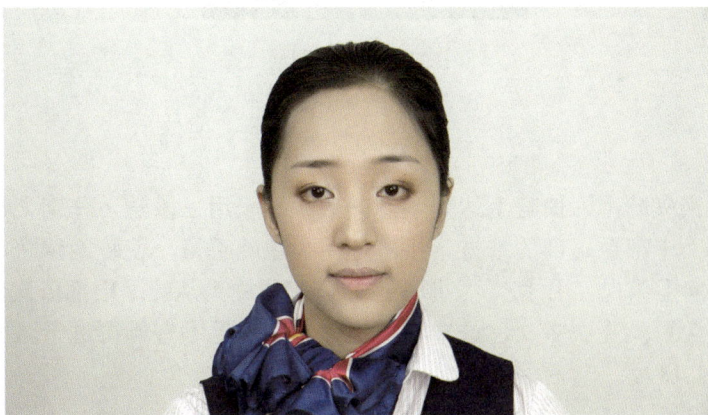

图 7-1-16　涂眼影

眼影完成后，用刷子蘸取少量提亮色闪粉在边缘处来回涂抹，将其晕染，使之更自然。

┌───┐

【注意事项】

　　为了防止眼影串色，产生脏感，建议每个颜色的眼影使用不同的眼影刷上妆。例如，深棕色眼影使用小号眼影刷，香槟色眼影和棕橘色眼影使用中号眼影刷，提亮色闪粉使用大号眼影刷等。每次取色建议少量。

└───┘

4. 眼线

　　眼线是整个眼妆中最关键的部分，它能使眼睛更明亮有神。选用黑色眼线液画外眼线，双眼向下俯视，将睫毛根部空隙填满。接着双眼平视前方，用食指轻轻提拉眼尾，将眼线由内到外平拉（图7-1-17）。可选用黑色眼线胶笔画内眼线。

图 7-1-17　画眼线

5. 睫毛

　　使用睫毛夹夹睫毛，使睫毛达到卷翘的效果。采用三段法，分别夹在睫毛的根部至中部、中部、中部至尾部的地方。接着选用黑色睫毛膏，使睫毛浓密卷翘。涂抹的时候需要双眼向下俯视，用"Z"字形手法，将三段睫毛从睫毛根部依次向上刷。在睫毛膏未干之前，可反复刷多次，这样妆效更佳。下睫毛不宜刷得过于浓密，只需要根根分明（图7-1-18）。

图 7-1-18　刷睫毛

6. 眉毛

眉毛在整个眼妆中起到平衡妆容的效果。应根据发色选择适合自己眉毛的颜色。以眉笔为例，从眉毛中间落笔，先将眉毛的下线勾勒出一条清晰的眉底线，再确定眉峰和眉尾，将其填满。最后轻轻将眉头均匀着色，用眉刷梳理整齐。整个眉毛下线颜色最重，向上越来越浅，眉尾颜色最实，眉头颜色最虚（图 7-1-19）。若有失误，可用棉签调整。

图 7-1-19　画眉毛

【注意事项】

眉毛的形状取决于三个点：眉头、眉峰、眉尾。从配合眼睛的角度来说，眉头的定位是从鼻翼到眼头（内眼角）的延长线上；眉峰的定位是从鼻翼到瞳孔外缘的延长线上；眉尾的定位是从鼻翼到眼尾（外眼角）的延长线上。

7. 唇部

正红色的唇妆是大地色系妆容的点睛之笔。画之前用粉饼再次按压唇部，使唇部亚光无油。先用正红色唇线笔勾勒唇形，从外唇角开始向内带过。再使用正红色口红均匀涂抹于唇部，使唇部饱满均匀（图 7-1-20）。

图 7-1-20　涂口红

8. 再次定妆

定妆能使妆容持久。距离脸部一个手臂长的距离，按压定妆喷雾 2 ～ 3 下，使之均匀洒落于面部，等待 1 ～ 2min 自然挥发，让肌肤看起来有光泽感和通透度。至此，大地色系职业妆容就打造完成了（图 7-1-21）。

图 7-1-21　再次定妆

实训练习

1. 实训内容

对照表 7-1-1 的内容，独立完成一个完整的时尚简约大地色系妆容造型。

表 7-1-1　时尚简约大地色系妆容实训操作单

空中乘务专业化妆技能实训操作单		
操作内容	时尚简约大地色系妆容	
操作地点	化妆教室	操作时间　40min

具体内容

1. 化妆准备

化妆品：隔离霜、妆前乳、粉底液、粉饼、深棕色眼影、棕橘色眼影、香槟色眼影、提亮色眼影（闪粉）、黑色眼线液/膏、黑色眼线胶笔、黑色睫毛膏、棕色/深棕色/黑色的眉笔（眉粉、眉形修正笔）、亮粉色腮红、浅桃色腮红、正红色口红、正红色唇线笔、定妆喷雾

化妆工具：斜形海绵、粉扑、棉签、各类化妆刷、睫毛夹、眉剪、修眉刀等

护肤三部曲（清洁、爽肤、润肤）已经完成

2. 底妆

1）使用隔离霜和妆前乳涂抹全脸（用量黄豆大小，以打圈的方式，由内向外轻轻推开）；

2）选取适合自身肤质和肤色的粉底液或其他粉底产品，用海绵或者其他工具，以按压的方式，从两颊处往下颌线和发际线处推开，剩余的粉底液用于 T 区，若需对脸部进行遮瑕、高光、阴影修饰等，可在此步骤进行；

3）使用两用粉饼定妆（以由下往上、由外向内的方式上妆，不忽略耳朵、脖子等细节部位）

3. 腮红

1）浅桃色腮红斜着打在颧骨下方凹陷处修饰脸型，方向由外向内、由下向上，力度由重到轻；

2）粉色腮红打在笑肌处提亮气色，腮红刷横贴肌肤向后带过

4. 眼妆

1）深棕色眼影涂抹在眼尾 2/3 处，香槟色眼影涂抹在眼头 1/3 处，棕橘色眼影按压在眼皮中央，三个颜色过渡自然；

2）深棕色眼影少量涂抹在下眼睑眼尾 1/3 处，紧贴睫毛根部；

3）提亮色闪粉在眼影边缘处晕染；

4）画眼线（黑色，线型自然流畅）；

5）刷睫毛膏（黑色，让睫毛卷翘浓密，刷前可使用睫毛夹）

5. 修眉和画眉

1）根据脸型确定适合自己的眉形，用眉剪、螺旋刷、修眉刀等工具修剪眉毛；

2）根据发色确定自己的眉毛颜色，用眉笔、眉膏、眉粉等化妆工具画眉；

3）眉毛下线颜色最重，向上越来越浅，眉尾颜色最实，眉头颜色最虚

6. 唇妆

1）用正红色唇线笔勾勒唇形；

2）用正红色口红涂抹整个嘴唇，使唇部饱满均匀

7. 检查妆面和定妆

1）仔细查看妆面整体效果（有无缺漏或碰坏、晕染有无明显界限等）；

2）使用定妆喷雾对脸部整体进行定妆

2. 评分标准

时尚简约大地色系妆容评分标准如表 7-1-2 所示。

表 7-1-2　时尚简约大地色系妆容评分标准

序号	修饰内容	考核要求	评分标准	分值
1	底妆修饰	1）底妆干净、清透、服帖、自然； 2）使用和肤色相近的底妆产品； 3）瑕疵遮盖良好； 4）深浅粉底衔接自然； 5）高光色和阴影色对脸型的修饰良好； 6）定妆粉与粉底的牢固性高	未达到考核要求，每项扣 5 分	30
2	眼部修饰	1）眉形自然流畅，与脸型、个性相协调； 2）眉色与肤色、发色、妆容相协调； 3）眉色描画效果自然，虚实相应，左右对称； 4）眼影颜色和谐，晕染均匀； 5）眼线沿睫毛根部描绘，流畅清晰； 6）睫毛涂抹根根分明	未达到考核要求，每项扣 5 分	30
3	腮唇修饰	1）腮红颜色、位置正确； 2）腮红晕染均匀； 3）口红颜色正确饱和，不外溢，不沾齿； 4）唇线轮廓清晰	未达到考核要求，每项扣 5 分	20
4	发型效果	1）发型梳理整齐，无碎发，无掉落； 2）发色自然黑或深棕色； 3）发髻用隐形网和 U 形夹固定； 4）刘海不过眉	未达到考核要求，每项扣 5 分	20

3. 实训评价

将实训评价结果填入表 7-1-3 中。

表 7-1-3　实训评价表

修饰内容	分值	学生自评20%	学生互评30%	教师评分50%	总评100%	扣分备注
底妆修饰	30					
眼部修饰	30					
腮唇修饰	20					
发型效果	20					
合计得分	100					

巩固复习

1. 练习时尚简约大地色系妆容，并以白色为背景拍摄定妆照。
2. 练习眼线的不同画法，体会哪种眼线更适合自己。

任务拓展

1. 正红色的唇妆给人气场全开的大气职业形象，尝试搭配法式盘发或高颅顶的职业发型，寻找更契合的妆发搭配。
2. 化妆以后，喝水时口红容易在杯子上留下印记，思考有什么方法能防止这一尴尬。

任务二
清新活力湖蓝色系妆容塑造

知识目标

➤ 熟悉清新活力湖蓝色系妆容的设计理念。
➤ 掌握湖蓝色系妆容的色卡和化法。

能力目标

➤ 能按照要求，独立完成湖蓝色系妆容造型。
➤ 能根据自身特点，扬长避短，使妆容得体、精致，突出个人气质。
➤ 能按照职业需求及时补妆。

一、化妆产品和工具准备

清新活力湖蓝色系妆容化妆产品和工具如图 7-2-1 所示。

1）底妆产品：隔离霜、妆前乳、粉底液、粉饼、定妆喷雾。
2）眼妆产品：湖蓝色眼影、白色（带闪粉）眼影、蓝绿色闪粉、黑色眼线液/膏、黑色眼线胶笔、黑色睫毛膏。
3）眉毛产品：棕色/深棕色/深灰色的眉笔（眉粉、眉形修正组合）。
4）腮红产品：亮粉色、浅桃色腮红。

5）唇妆产品：柔橘色口红、透明唇彩。

6）各类化妆工具：斜形海绵、棉签、各类化妆刷、睫毛夹、眉剪、修眉刀等。

图 7-2-1　湖蓝色系妆容化妆产品和工具

二、清新活力湖蓝色系妆容的设计理念

湖蓝色系妆容（图 7-2-2）给人一种时尚而又具有亲和力的感觉。眼部运用湖蓝色（图 7-2-3 和图 7-2-4），突出明亮的色泽，适合衬托出暗色调的制服。唇部选择一款自然、水润的柔橘色唇妆作为点缀（图 7-2-5）。

图 7-2-2　湖蓝色系妆容

图 7-2-3　湖蓝色眼影（1）

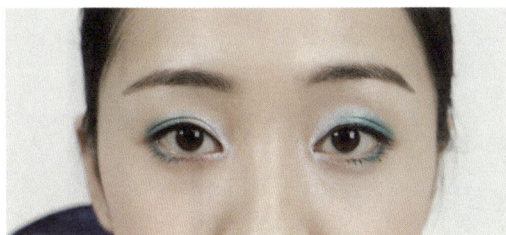

图 7-2-4　湖蓝色眼影（2）　　　　图 7-2-5　柔橘色口红

三、清新活力湖蓝色系妆容的色卡

1）底妆：根据自身肤色选择合适的产品和色号（图 7-2-6），上妆前必须做好打底。

妆前乳　　　　　　粉底液　　　　　　　粉饼

图 7-2-6　底妆产品

2）腮红：选择适合湖蓝色系妆容的腮红（图 7-2-7）。

亮粉色腮红　　　　　　浅桃色腮红

图 7-2-7　腮红

3）眼妆：选择湖蓝色系眼影粉或眼影膏以及眼线液／膏和睫毛膏（图7-2-8和图7-2-9）。

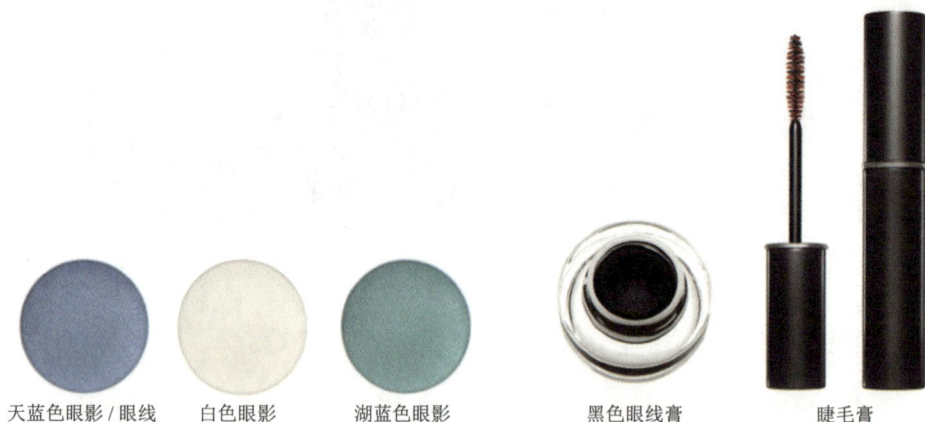

天蓝色眼影／眼线　　　白色眼影　　　湖蓝色眼影　　　黑色眼线膏　　　睫毛膏

图 7-2-8　蓝色系眼影　　　　　　　图 7-2-9　其他眼妆产品

4）眉毛：选择适合自身肤色及发色的眉粉或眉笔（图7-2-10）。
5）唇妆：选择浅色系口红和透明唇彩（图7-2-11）。

棕色、深棕色、黑色的眉笔／眉粉／眉形修正笔　　　柔橘色口红　　　透明唇彩

图 7-2-10　眉粉　　　　　　　　　图 7-2-11　唇妆产品

【注意事项】
　　上述色卡为标准颜色，应根据各彩妆品牌产品特性合理使用，确保妆容呈现效果符合色卡规定。

清新活力湖蓝色系妆容

四、清新活力湖蓝色系妆容造型步骤

1. 底妆

化妆前先确保已经完成了护肤三部曲，即洁肤、爽肤、润

肤，然后就可以开始上妆的程序了。底妆部分首先使用双重防晒隔离霜和妆前乳隔离彩妆，使底妆服帖而持久（图7-2-12）。具体用法如下：取黄豆大小的量以打圈的方式均匀涂抹于整脸，由内向外轻轻推开，带过发际线、上眼睑、唇部周围、下颚。

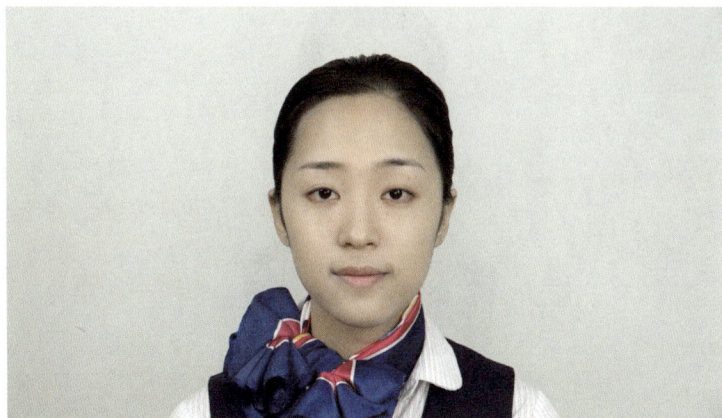

图7-2-12　涂隔离霜和妆前乳

根据自己的肤色和肤质选择合适的粉底液，打造完美无瑕的肌肤，使妆容精致持久（图7-2-13）。使用斜形海绵，将适量粉底液挤于海绵上，以按压的方式，从两颊处开始，往下颌线和发际线处推开。多余的液体用海绵或刷子涂抹于T区。海绵边缘的部分可以用来按压鼻翼两侧和细小部位。唇部周围也可轻轻按压，为之后的唇妆奠定基础。

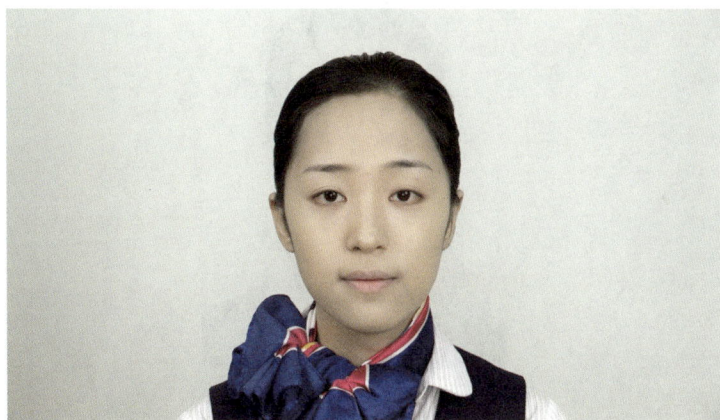

图7-2-13　涂粉底液

根据自己的肤色选择合适的两用粉饼定妆，定妆能使妆容更持久（图7-2-14）。用粉扑蘸取粉饼，以由下往上、由外向内的方式，从下颌线往脸颊处均匀上粉。不要忽略发际线、下颚、唇部。眼部周围定妆粉不宜过多，可以将粉扑对折，轻轻按压下眼睑及鼻翼两侧。最后，用粉扑上剩下的粉带过耳朵、脖子。

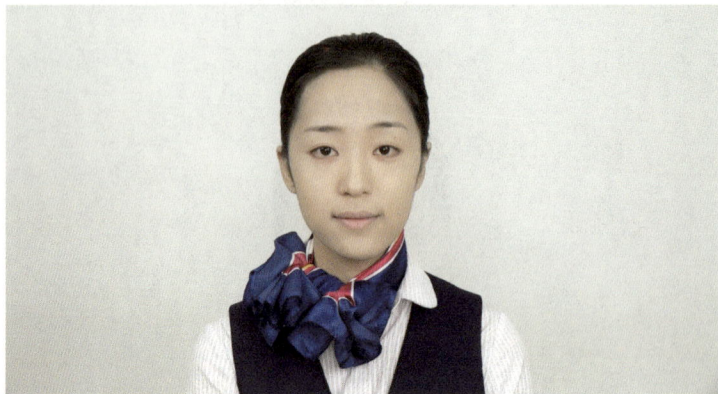

图 7-2-14　散粉定妆

2. 腮红

选用浅桃色和亮粉色两款腮红共同打造复合式腮红。首先通过浅桃色腮红突出脸部轮廓的立体感，之后加上亮粉色腮红使气色看起来更好。先将浅桃色腮红以斜打的方式，从耳根处起笔，随着颧骨下陷处轻轻往前涂抹。再在笑肌处用按压的方式涂抹亮粉色腮红（图 7-2-15）。

图 7-2-15　涂腮红

3. 眼影

眼影的主色调为蓝色。湖蓝色眼影用于眼尾和下眼睑，白色眼影（最好是白色带闪粉的）用于眼头部位的提亮，蓝绿色闪粉用于眼皮中央。先取少量湖蓝色眼影，搭配眼影刷，平涂于眼尾 2/3 处，以按压的方式上妆，眼影贴近睫毛根部的颜色最重，边缘部分向上过渡，眼影面积不宜过大。再用另一把眼影刷以按压的方式将白色眼影涂于眼头 1/3 处，兼顾上眼睑和下眼睑，与湖蓝色完美结合，边缘部分不要产生任何界限。最后，将少量蓝绿色闪粉按压在眼部中央，与其余两个颜色的眼影过渡，并增加光泽感。在下眼睑眼尾 1/3 处，紧贴睫毛根部用湖蓝色眼影晕染，使上下眼睑呼应（图 7-2-16 和图 7-2-17）。整个眼影部分要求颜色之间过渡自然，无明显界限。

图 7-2-16　涂眼影

图 7-2-17　湖蓝色系眼影

【注意事项】
　　此眼妆需注意晕染手法，避免反复涂抹产生脏感。建议每个颜色的眼影使用不同的眼影刷上妆。例如，湖蓝色眼影使用小号眼影刷，白色带闪粉眼影和蓝绿色闪粉使用中号眼影刷等。每次取色建议少量。

4. 眼线

选用黑色眼线液画外眼线，双眼向下俯视，将睫毛根部空隙填满。接着双眼平视前方，用食指轻轻提拉眼尾，将眼线由内到外平拉（图 7-2-18）。可选用黑色眼线胶笔画内眼线。

图 7-2-18　画眼线

5. 睫毛

采用三段法，分别夹在睫毛的根部至中部、中部、中部至尾部的地方。接着选用黑色睫毛膏，使睫毛浓密卷翘。涂抹的时候需要双眼向下俯视，用"Z"字形手法，将三段睫毛从睫毛根部依次向上刷。在睫毛膏未干之前，可反复刷多次，以使妆效更佳。下睫毛不宜刷得过于浓密，只需要根根分明（图 7-2-19）。

图 7-2-19　刷睫毛膏

6. 眉毛

根据发色选择适合自己眉毛的颜色。以眉笔为例，从眉毛中间落笔，先将眉毛的下线勾勒出一条清晰的眉底线，再确定眉峰和眉尾，将其填满。最后轻轻将眉头均匀着色，用眉刷梳理整齐。整个眉毛下线颜色最重，向上越来越浅，眉尾颜色最实，眉头颜色最虚（图7-2-20）。若有失误，则用棉签调整。

图 7-2-20　画眉毛

7. 唇部

为了搭配湖蓝色眼妆，选用柔橘色口红，这样可显得妆容青春靓丽。画之前用粉饼再次按压唇部，使唇部亚光无油。先用柔橘色口红均匀涂抹于唇部，从外唇角向内慢慢勾勒唇形，再填充颜色，使唇部饱满均匀。最后叠加上透明唇彩，着重在唇部高光点，使唇部更有立体感（图7-2-21）。

图 7-2-21　涂口红

8. 再次定妆

距离脸部一个手臂长的距离，按压定妆喷雾 2～3 下，使之均匀洒落于面部，等待 1～2min 自然挥发，让肌肤看起来有光泽感和通透度（图 7-2-22）。至此，湖蓝色系职业妆容就打造完成了。

图 7-2-22　再次定妆

实训练习

1. 实训内容

对照表 7-2-1 的内容，独立完成一个完整的清新活力湖蓝色系妆容造型。

表 7-2-1　清新活力湖蓝色系妆容实训操作单

空中乘务专业化妆技能实训操作单			
操作内容	清新活力湖蓝色系妆容		
操作地点	化妆教室	操作时间	40min
具体内容			

1. 化妆准备
化妆品：隔离霜、妆前乳、粉底液、粉饼、湖蓝色眼影、白色（带闪）眼影、蓝绿色闪粉、黑色眼线液 / 膏、黑色眼线胶笔、黑色睫毛膏、棕色 / 深棕色 / 黑色的眉笔（眉粉、眉形修正笔）、亮粉色腮红、浅桃色腮红、柔橘色口红、透明唇彩、定妆喷雾
化妆工具：斜形海绵、粉扑、棉签、各类化妆刷、睫毛夹、眉剪、修眉刀等
护肤三部曲（清洁、爽肤、润肤）已经完成

2. 底妆
1）使用隔离霜和妆前乳涂抹全脸（用量黄豆大小，以打圈的方式，由内向外轻轻推开）；
2）选取适合自身肤质和肤色的粉底液或其他粉底产品，用海绵或者其他工具，以按压的方式，从两颊处往下颌线和发际线处推开，剩余的粉底液用于 T 区，若需对脸部进行遮瑕、高光、阴影修饰等，可在此步骤进行；
3）使用两用粉饼定妆（以由下往上、由外向内的方式上妆，不忽略耳朵、脖子等细节部位）

续表

3. 腮红

1）浅桃色腮红斜着打在颧骨下方凹陷处修饰脸型，方向由外向内、由下向上，力度由重到轻；

2）亮粉色腮红打在笑肌处提亮气色，腮红刷横贴肌肤向后带过

4. 眼妆

1）湖蓝色眼影涂抹在眼尾 2/3 处，白色眼影涂抹在眼头 1/3 处，稍带到下眼睑眼头，蓝绿色闪粉少量按压在眼皮中央，三个颜色过渡自然；

2）湖蓝色眼影少量涂抹在下眼睑眼尾 1/3 处，紧贴睫毛根部；

3）晕染自然，无脏感，眼影粉无掉落；

4）画眼线（黑色，线型自然流畅）；

5）刷睫毛膏（黑色，让睫毛卷翘浓密，刷前可使用睫毛夹）

5. 修眉和画眉

1）根据脸型确定适合自己的眉形，用眉剪、螺旋刷、修眉刀等工具修剪眉毛；

2）根据发色确定自己的眉毛颜色，用眉笔、眉膏、眉粉等化妆工具画眉；

3）眉毛下线颜色最重，向上越来越浅，眉尾颜色最实，眉头颜色最虚

6. 唇妆

1）用柔橘色口红涂抹整个嘴唇，使唇部饱满均匀；

2）用透明唇彩叠加在唇部高光处

7. 检查妆面和定妆

1）仔细查看妆面整体效果（有无缺漏或碰坏、晕染有无明显界限等）；

2）使用定妆喷雾对脸部整体进行定妆

2. 评分标准

清新活力湖蓝色系妆容评分标准如表 7-2-2 所示。

表 7-2-2 清新活力湖蓝色系妆容评分标准

序号	修饰内容	考核要求	评分标准	分值
1	底妆修饰	1）底妆干净、清透、服帖、自然； 2）使用和肤色相近的底妆产品； 3）瑕疵遮盖良好； 4）深浅粉底衔接自然； 5）高光色和阴影色对脸型的修饰良好； 6）定妆粉与粉底的牢固性高	未达到考核要求，每项扣 5 分	30
2	眼部修饰	1）眉形自然流畅，与脸型、个性相协调； 2）眉色与肤色、发色、妆容相协调； 3）眉色描画效果自然，虚实相应，左右对称； 4）眼影颜色和谐，晕染均匀； 5）眼线沿睫毛根部描绘，流畅清晰； 6）睫毛涂抹根根分明	未达到考核要求，每项扣 5 分	30

续表

序号	修饰内容	考核要求	评分标准	分值
3	腮唇修饰	1）腮红颜色、位置正确； 2）腮红晕染均匀； 3）口红颜色正确饱和，不外溢，不沾齿； 4）唇线轮廓清晰	未达到考核要求，每项扣5分	20
4	发型效果	1）发型梳理整齐，无碎发，无掉落； 2）发色自然黑或深棕色； 3）发髻用隐形网和U形夹固定； 4）刘海不过眉	未达到考核要求，每项扣5分	20

3. 实训评价

将实训评价结果填入表7-2-3中。

表7-2-3　实训评价表

修饰内容	分值	学生自评20%	学生互评30%	教师评分50%	总评100%	扣分备注
底妆修饰	30					
眼部修饰	30					
腮唇修饰	20					
发型效果	20					
合计得分	100					

巩固复习

1. 练习清新活力湖蓝色系妆容，并以白色为背景拍摄定妆照。
2. 练习腮红的不同画法，体会哪种腮红更能凸显活泼时尚的妆感。

任务拓展

1. 涂抹粉底的工具很多，请分别用美妆蛋、指腹、海绵等工具给自己上粉底，体会使用哪种工具能让粉底更服帖。
2. 睫毛膏涂抹时间过长，有可能出现晕染现象，显得眼部有点脏。尝试在睫毛膏前使用睫毛打底，观察使用睫毛打底前和打底后的区别。

任务三
温柔优雅粉红色系妆容塑造

知识目标

➤ 熟悉温柔优雅粉红色系妆容的设计理念。

➤ 掌握粉红色系妆容的色卡和化法。

能力目标

➤ 能按照要求，独立完成粉红色系妆容造型。

➤ 能根据自身特点，扬长避短，使妆容得体、精致，突出个人气质。

➤ 能按照职业需求及时补妆。

一、化妆产品和工具准备

温柔优雅粉红色系妆容化妆产品和工具如图 7-3-1 所示。

图 7-3-1 温柔优雅粉红色系妆容化妆产品和工具

1）底妆产品：隔离霜、妆前乳、粉底液、粉饼、定妆喷雾。

2）眼妆产品：淡粉色眼影、深粉色眼影、粉橘色闪粉、黑色眼线液 / 膏、眼线胶笔、黑色睫毛膏。

3）眉毛产品：棕色 / 深棕色 / 深灰色的眉笔（眉粉、眉形修正组合）。

4）腮红产品：亮粉色、浅桃色腮红。

5）唇妆产品：玫红色 / 粉红色口红。

6）各类化妆工具：斜形海绵、棉签、各类化妆刷、睫毛夹、眉剪、修眉刀等。

二、温柔优雅粉红色系妆容的设计理念

粉红色系妆容（图 7-3-2 ～图 7-3-4）给人一种温柔又优雅的感觉，宛如邻家女孩。眼部运用粉红色的深浅交替（图 7-3-5），显得皮肤白皙，适合衬托出淡色系的制服。唇部选择玫红色或粉红色的唇妆，与眼影呼应，整个妆面为同一色系，给人和谐的感觉（图 7-3-6）。

图 7-3-2　粉红色系妆容（1）

图 7-3-3　粉红色系妆容（2）

图 7-3-4　粉红色系妆容（3）

图 7-3-5　粉红色系眼影

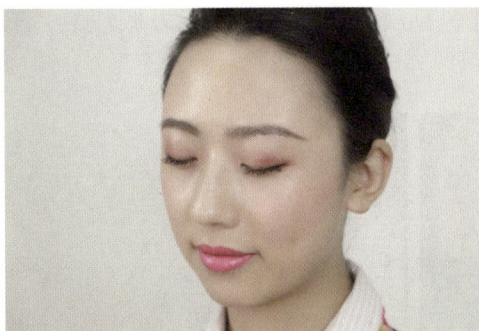

图 7-3-6 粉红色系口红

三、温柔优雅粉红色系妆容的色卡

1）底妆：根据自身肤色选择合适的产品和色号（图 7-3-7），上妆前必须做好打底。

妆前乳   粉底液   粉饼

图 7-3-7 底妆产品

2）腮红：选择适合粉红色系妆容的腮红（图 7-3-8）。

亮粉色腮红   浅桃色腮红

图 7-3-8 粉红色系腮红

3）眼妆：选择粉红色系眼影粉或眼影膏以及眼线液 / 膏和睫毛膏（图 7-3-9 和图 7-3-10）。

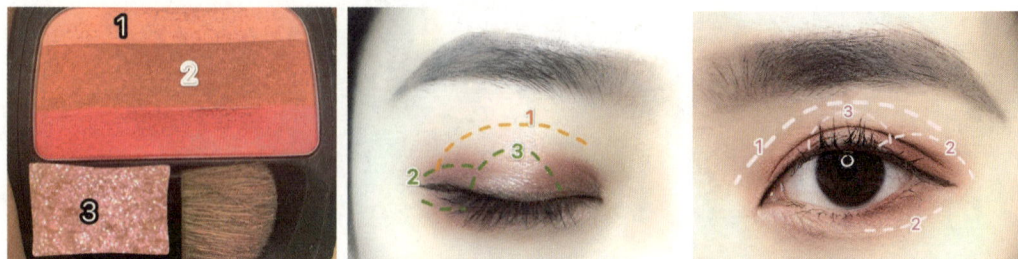

图 7-3-9　粉红色系眼影

黑色眼线膏　　　　　睫毛膏

图 7-3-10　其他眼妆产品

4）眉毛：选择适合自身肤色及发色的眉粉或眉笔（图 7-3-11）。

5）唇妆：选择粉红色系口红（图 7-3-12）。

棕色、深棕色、黑色的眉笔 / 眉粉 / 眉形修正笔

图 7-3-11　眉粉

玫红色口红　　粉红色口红

图 7-3-12　口红

【注意事项】

上述色卡为标准颜色，应根据各彩妆品牌产品特性合理使用，确保妆容呈现效果符合色卡规定。

四、温柔优雅粉红色系妆容造型步骤

1. 底妆

化妆前先确保已经完成了护肤三部曲，即洁肤、爽肤、润肤，然后就可以开始上妆的程序了。底妆部分首先使用双重防晒隔离霜和妆前乳隔离彩妆，使底妆服帖而持久（图7-3-13）。具体用法如下：取黄豆大小的量以打圈的方式均匀涂抹于整脸，由内向外轻轻推开、带过发际线、上眼睑、唇部周围、下颚。

根据自己的肤色和肤质选择合适的粉底液，打造完美无瑕的肌肤，使妆容精致持久（图7-3-14）。使用斜形海绵，将适量粉底液挤于海绵上，以按压的方式，从两颊处开始，往下颌线和发际线处推开。多余的液体用海绵或刷子涂抹于T区。海绵边缘的部分可以用来按压鼻翼两侧和细小部位。唇部周围也可轻轻按压，为之后的唇妆奠定基础。

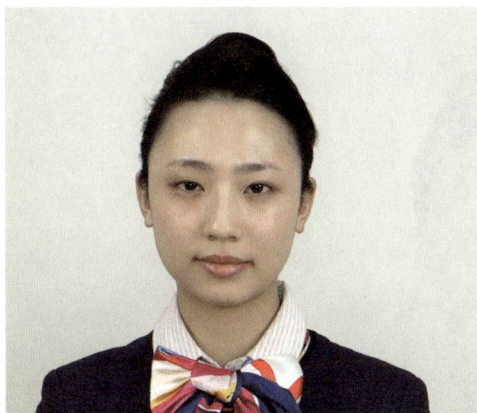

图7-3-13 涂隔离霜和妆前乳

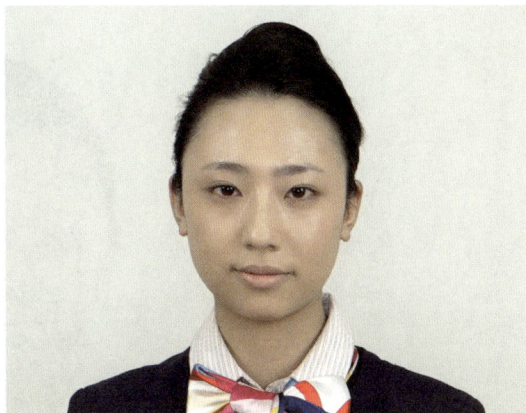

图7-3-14 涂粉底液

根据自己的肤色选择合适的两用粉饼定妆，定妆能使妆容更持久（图7-3-15）。用粉扑蘸取粉饼，以由下往上、由外向内的方式，从下颌线往脸颊处均匀上粉。不要忽略发际线、下颚、唇部。眼部周围定妆粉不宜过多，可以将粉扑对折，轻轻按压下眼睑及鼻翼两侧。最后，用粉扑上剩下的粉带过耳朵、脖子。

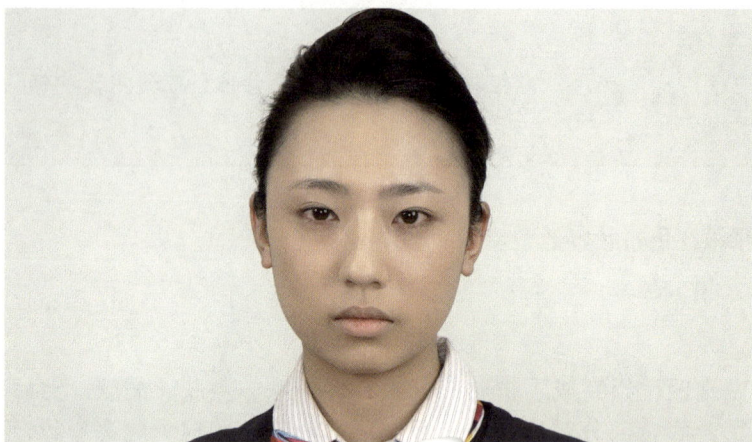

图 7-3-15　散粉定妆

2. 腮红

选用浅桃色和亮粉色两款腮红共同打造复合式腮红。首先通过浅桃色腮红突出脸部轮廓的立体感，之后加上亮粉色腮红使气色看起来更好。先将浅桃色腮红以斜打的方式，从耳根处起笔，随着颧骨下陷处轻轻往前涂抹。再在笑肌处用按压的方式涂抹亮粉色腮红（图 7-3-16）。

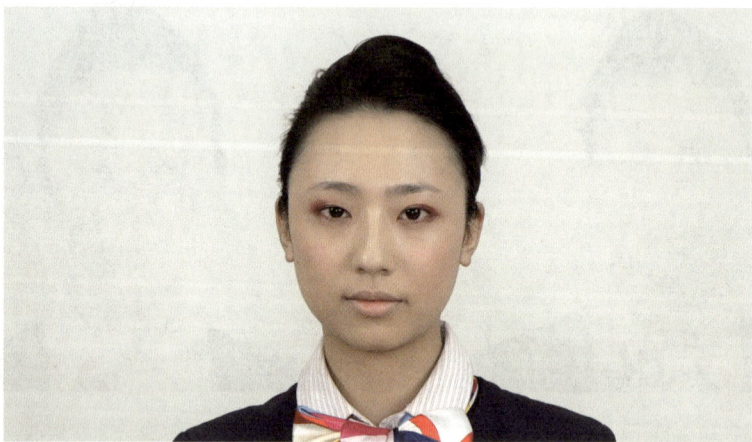

图 7-3-16　涂腮红

3. 眼影

选用粉红色系的三个颜色打造眼部立体感。浅粉色眼影用于眼窝和眼头处作为打底色，深粉色眼影用于眼尾和下眼睑处，粉橘色闪粉用于眼皮中央过渡。先取少量浅粉色眼影，搭配眼影刷，平涂于眼窝处，作为打底色，兼顾眼头，眼影边缘晕染自然。再用另一把眼影刷将深粉色眼影以按压的方式涂于眼尾 2/3 处，兼顾上眼睑和下眼睑作为加深色，边缘向上方过渡。最后，将少量粉橘色闪粉按压在眼皮中央，与其余两个颜色的眼影过渡，并增加光泽感。在下眼睑眼尾 1/3 处，紧贴睫毛根部用深粉色眼影晕染，使上下眼睑呼应（图 7-3-17）。整个眼影部分要求颜色之间过渡自然，无明显界限。

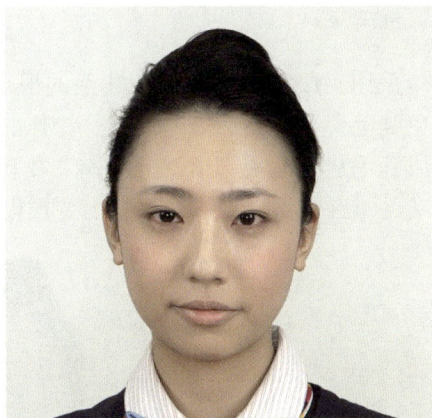

图 7-3-17　涂眼影

【注意事项】

此眼妆需注意晕染手法，避免反复涂抹产生脏感，建议每个颜色的眼影使用不同的眼影刷上妆。例如，浅粉色眼影使用大号眼影刷，深粉色眼影使用小号眼影刷，粉橘色闪粉使用中号眼影刷等。每次取色建议少量。

4. 眼线

选用黑色眼线液画外眼线，双眼向下俯视，将睫毛根部空隙填满。接着双眼平视前方，用食指轻轻提拉眼尾，将眼线由内到外平拉（图 7-3-18）。可选用黑色眼线胶笔画内眼线。

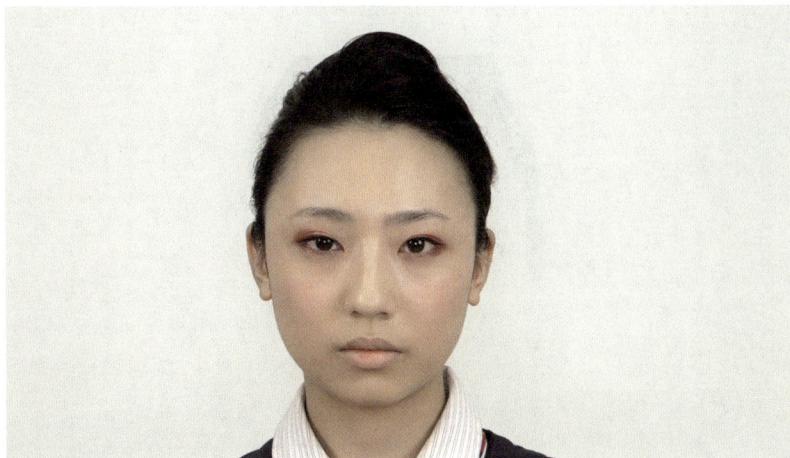

图 7-3-18　画眼线

5. 睫毛

采用三段法，分别夹在睫毛的根部至中部、中部、中部至尾部的地方。接着选用黑色睫毛膏，使睫毛浓密卷翘。涂抹的时候需要双眼向下俯视，用"Z"字形手法，将三段睫毛从睫毛根部依次向上刷。在睫毛膏未干之前，可反复刷多次，以使妆效更佳。下睫毛不宜刷得过于浓密，只需要根根分明（图 7-3-19）。

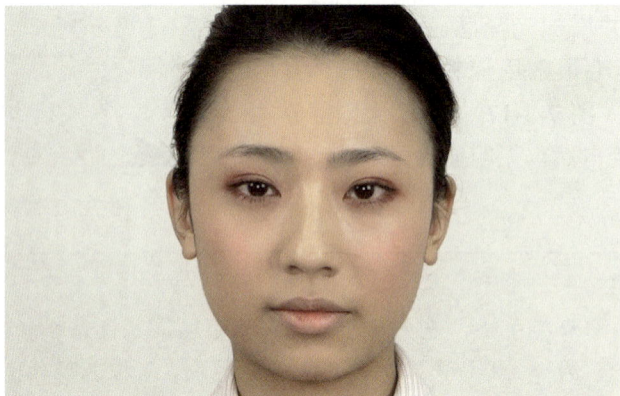

图 7-3-19　刷睫毛膏

6. 眉毛

根据发色选择适合自己眉毛的颜色。以眉笔为例，从眉毛中间落笔，先将眉毛的下线勾勒出一条清晰的眉底线，再确定眉峰和眉尾，将其填满。最后轻轻将眉头均匀着色，用眉刷梳理整齐。整个眉毛下线颜色最重，向上越来越浅，眉尾颜色最实，眉头颜色最虚（图 7-3-20）。若有失误，则用棉签调整。

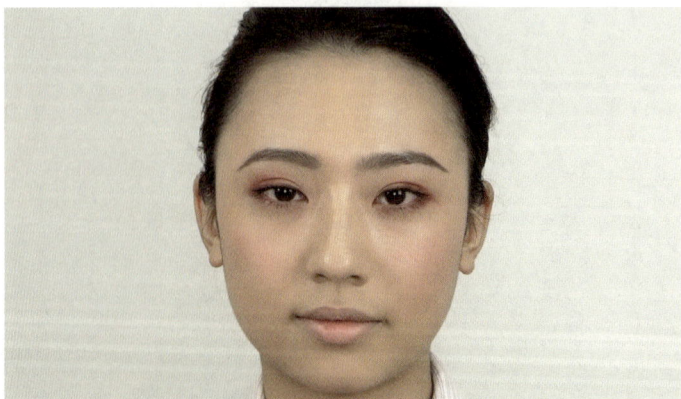

图 7-3-20　画眉毛

7. 唇部

玫红色／粉红色口红与粉红色眼影是同色系，上下呼应更显整个妆容协调。画之前用粉饼再次按压唇部，使唇部亚光无油。用玫红色／粉色口红均匀涂抹于唇部。从外唇角向内慢慢勾勒唇形，再填充颜色，使唇部饱满均匀（图7-3-21）。

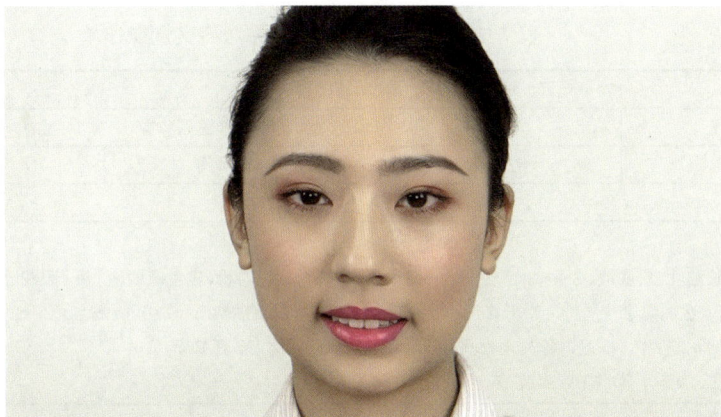

图7-3-21 涂口红

8. 再次定妆

距离脸部一个手臂长的距离，按压定妆喷雾2～3下，使之均匀洒落于面部，等待1～2min自然挥发，让肌肤看起来更有光泽感和通透度（图7-3-22）。至此，粉红色系职业妆容就打造完成了。

图7-3-22 再次定妆

实训练习

1. 实训内容

对照表 7-3-1 的内容，独立完成一个完整的温柔优雅粉红色系妆容造型。

表 7-3-1　温柔优雅粉红色系妆容实训操作单

空中乘务专业化妆技能实训操作单		
操作内容	温柔优雅粉红色系妆容	
操作地点	化妆教室	操作时间　40min

具体内容

1. 化妆准备

化妆品：隔离霜、妆前乳、粉底液、粉饼、浅粉色眼影、深粉色眼影、粉橘色闪粉、黑色眼线液 / 膏、眼线胶笔、黑色睫毛膏、棕色 / 深棕色 / 深灰色的眉笔（眉粉、眉形修正笔）、亮粉色腮红、浅桃色腮红、玫红色 / 粉红色口红、定妆喷雾

化妆工具：斜形海绵、粉扑、棉签、各类化妆刷、睫毛夹、眉剪、修眉刀、纸巾等

护肤三部曲（清洁、爽肤、润肤）已经完成

2. 底妆

1）用隔离霜和妆前乳涂抹全脸（用量黄豆大小，以打圈的方式，由内向外轻轻推开）；

2）选取适合自身肤质和肤色的粉底液或其他粉底产品，用海绵或者其他工具，以按压的方式，从两颊处往下颌线和发际线上推开，剩余的粉底液用于 T 区，若需对脸部进行遮瑕、高光、阴影修饰等，可在此步骤进行；

3）使用两用粉饼定妆（粉扑，以由下往上、由外向内的方式上妆，不忽略耳朵、脖子等细节部位）

3. 腮红

1）浅桃色腮红斜着打在颧骨下方凹陷处修饰脸型，方向由外向内、由下向上，力度由重到轻；

2）亮粉色腮红打在笑肌处提亮气色，腮红刷横贴肌肤向后带过

4. 眼妆

1）浅粉色眼影涂抹在眼窝处，深粉色眼影涂抹在眼尾 2/3 处，稍带到下眼睑，粉橘色闪粉少量按压在眼皮中央，三个颜色过渡自然；

2）深粉色眼影少量涂抹在下眼睑眼尾 1/3 处，紧贴睫毛根部；

3）晕染自然，无脏感，眼影粉无掉落；

4）画眼线（深灰色 / 棕色 / 黑色，线型自然流畅）；

5）刷睫毛膏（黑色 / 咖啡色，让睫毛卷翘浓密，刷前可使用睫毛夹）

5. 修眉和画眉

1）根据脸型确定适合自己的眉形，用眉剪、螺旋刷、修眉刀等工具修剪眉毛；

2）根据发色确定自己的眉毛颜色，用眉笔、眉膏、眉粉等化妆工具画眉；

3）眉毛下线颜色最重，向上越来越浅，眉尾颜色最实，眉头颜色最虚

6. 唇妆

用玫红色 / 粉红色口红涂抹整个嘴唇，使唇部饱满均匀

7. 检查妆面和定妆

1）仔细查看妆面整体效果（有无缺漏或碰坏、晕染有无明显界限等）；

2）使用定妆喷雾对脸部整体进行定妆

2. 评分标准

温柔优雅粉红色系妆容评分标准如表 7-3-2 所示。

表 7-3-2 温柔优雅粉红色系妆容评分标准

序号	修饰内容	考核要求	评分标准	分值
1	底妆修饰	1）底妆干净、清透、服帖、自然； 2）使用和肤色相近的底妆产品； 3）瑕疵遮盖良好； 4）深浅粉底衔接自然； 5）高光色和阴影色对脸型的修饰良好； 6）定妆粉与粉底的牢固性高	未达到考核要求每项扣 5 分	30
2	眼部修饰	1）眉形自然流畅，与脸型、个性相协调； 2）眉色与肤色、发色、妆容相协调； 3）眉色描画效果自然，虚实相应，左右对称； 4）眼影颜色和谐，晕染均匀； 5）眼线沿睫毛根部描绘，流畅清晰； 6）睫毛涂抹根根分明	未达到考核要求每项扣 5 分	30
3	腮唇修饰	1）腮红颜色、位置正确； 2）腮红晕染均匀； 3）口红颜色正确饱和，不外溢，不沾齿； 4）唇线轮廓清晰	未达到考核要求每项扣 5 分	20
4	发型效果	1）发型梳理整齐，无碎发，无掉落； 2）发色自然黑或深棕色； 3）发髻用隐形网和 U 形夹固定； 4）刘海不过眉	未达到考核要求每项扣 5 分	20

3. 实训评价

将实训评价结果填入表 7-3-3 中。

表 7-3-3 实训评价表

修饰内容	分值	学生自评 20%	学生互评 30%	教师评分 50%	总评 100%	扣分备注
底妆修饰	30					
眼部修饰	30					
腮唇修饰	20					
发型效果	20					
合计得分	100					

巩固复习

1. 空乘人员应该具备什么样的职业形象？
2. 空乘人员的职业化妆应该遵循什么原则？
3. 练习温柔优雅粉红色系妆容，并以白色为背景拍摄定妆照。
4. 以上三个空乘人员职业妆容造型，哪个更适合自己？为什么？
5. 以上三个空乘人员职业妆容造型的设计理念分别是什么？

任务拓展

1. 思考空乘人员的职业妆容与平时妆容的分别。
2. 寻找最适合自己的职业妆容。

参 考 文 献

李勤，2019．空乘人员化妆技巧与形象塑造 [M]．5 版．北京：旅游教育出版社．

王铮，2015．人物造型化妆 [M]．2 版．南京：东南大学出版社．

徐家华，张天一，2009．化妆基础 [M]．北京：中国纺织出版社．